David Eccles

VW Bus

Der T1 im Detail (1950-1967)

HEEL

IMPRESSUM

HEEL Verlag GmbH
Gut Pottscheidt
53639 Königswinter
Telefon 0 22 23 / 92 30-0
Telefax 0 22 23 / 92 30 13
Mail: info@heel-verlag.de
Internet: www.heel-verlag.de

Der Originaltitel „VW Transporter and Microbus – Specification Guide 1950–1967
ist erschienen bei:
The Crowood Press Ltd
Ramsbury, Marlborough
Wiltshire SN8 2HR

Deutsche Übersetzung: Heiner Stertkamp
Lektorat: Martin Henze

Titelfoto: © Jörg Hajt

Umsetzung der deutschen Ausgabe:
Grafikbüro Schumacher, Königswinter

Printed in Slovenia

ISBN 978-3-95843-362-5

Hinweis des Autors
Als Typ 2 bezeichnete VW alle Transporter-Typen. Dieses Buch behandelt deren erste Generation T1, gebaut von 1949 bis 1967, in England wegen der geteilten Windschutzscheibe „Spliti" genannt. Bei uns ist er einfach der „Bulli". In diesem Buch werden beide Begriffe synonym verwendet.

Einige Marken und Bezeichnungen sind für ihre Inhaber geschützt. Sie werden hier nur zur Bezeichnung verwendet; dies ist keine offizielle Veröffentlichung.

Trotz gründlichster Recherche können Autor und Verlag keine Gewähr für Fehler und Irrtümer übernehmen. Der Autor ist jedoch für jede Richtigstellung dankbar.

Inhalt

Ursprünglich in den USA beheimatet war dieser 1959 gebaute VW T1b Typ SO 23 Westfalia-Campingwagen, bevor er über den Umweg England den Weg zu seinem heutigen Besitzer in Deutschland fand. Der im klassischen Taubenblau lackierte Camper erhielt für die US-Zulassung bereits ab Werk Sealead-Beam-Scheinwerfer, rote Schlussleuchten und eine Warnblinkanlage. (Foto:Jörg Hajt)

Vorwort

Seit ich 1994 Herausgeber des Magazins des britischen T1-Clubs SSVC wurde, faszinierte mich die Vielfalt der Ausführungen und Ausrüstungen des T1. 1995 konnte ich in Bad Camberg viele dieser seltenen, ungewöhnlichen Varianten erstmals sehen; es entwickelten sich freundschaftliche Beziehungen zur BulliKartei; es war mir eine Freude, die Vorführung einiger der Preziosen ihres „mobilen Museums" beim British Volkswagen Festival zu organisieren. Der damalige SSVC-Präsident Steve Saunders hatte gerade einen Artikel zur Entschlüsselung der Angaben auf den Typschildern verfasst. Der machte mich neugierig und ich forschte weiter; die nächsten Jahre stand ich mit Clubs und Liebhabern in aller Welt in Kontakt. Das Resultat dieser Bemühungen war 1998 mein erstes Buch über den T1. Dieses schmale Büchlein wurde von verschiedenen britischen Einrichtungen und der BulliKartei finanziert. SSVC-Mitglied Alex Ellis übernahm die grafische Gestaltung – er ahnte nicht, dass ihn diese Arbeit ein ganzes Jahr kosten würde! Meine Arbeit kam mir damals vor wie das Zusammensetzen eines Puzzles mit einer unbekannten Zahl Teile und ohne Vorlage. Als das Buch schließlich in Druck ging, war mir klar, dass vieles noch nicht erforscht worden war. Deshalb ist dieses Buch eine Zusammenfassung des früheren Inhalts mit allen weiteren inzwischen gefundenen Erkenntnissen. Wieder hat Alex Ellis das Ganze in die richtige Form gebracht. Ohne seine Ermutigung und die immerwährende Unterstützung durch Liebhaber in aller Welt, das Internet eingeschlossen, wäre dieses Werk nie zustande gekommen. Ich hoffe, Ihre Freude beim Lesen und Ihr Nutzen sind ebenso groß wie meine Freude beim Zusammenstellen.

Besonders dankbar bin ich Jochen und Roswitha Brauer für ihre Gastfreundschaft, die Bereitstellung ihres Archivmaterials und ihrer Kontakte sowie für die Antworten auf meine zahllosen Fragen. Außerdem haben sie mit Informationen und Bildern für diese neue Ausgabe weitergeholfen und verdienen besondere Erwähnung für ihre Leidenschaft und ihre Unterstützung:

Dan Kinsey (Binz – Geschichte und Bilder), Michael Evans, Ray Ashcroft (australische Modelle), Steve Keeley, Pim van Loon, Hans Sprenkels, Jürgen Seil (Geschichte VW Australien), David Fuentes (Brasilien – Geschichte und Bilder), Drew Ogden (Detailaufnahmen des Urmodells), Rikki James, Ben Hayes (Fotos), Andreas Plogmaker, Flash (Fotos und Übersetzungen), Jim Bryant (Code-Knacker par excellence), Mark Merz, Thomas Gahl, Peter Valentin, Rainer Düngen, Steve Saunders, Thomas Ebke (Übersetzungen), Volker Denter (Südafrika – Informationen und Fotos), Ulrich Siebel, Wolfgang Staib, Gunther Ronquetti, Chris Hull und schließlich Michael Steinke, der dieses neue Werk als „Encyclopaedia Bullinica" zu bezeichnen pflegt.

Dank auch an die vielen Clubmitglieder von SSVC, NEATO und BulliKartei für die Gelegenheit zu Fotoaufnahmen bis hin zu Details wie Türgriffen, Stoßstangen, Motoren, Fensterriegeln etc. und an die Clubs selbst für ihre Unterstützung. Dank haben auch Total VW, VW Camper and Commercial, die Stiftung Auto Museum sowie das Volkswagenwerk selbst für Fotos und Archivmaterial verdient.

Schließlich gebührt weiterhin Dank all denen, die zur ersten Ausgabe beigetragen haben, denn ohne sie gäbe es die Neufassung nicht: Steve Saunders, Julian Hunt, Rikki James, Allan Jones, Hans Sprenkels, Steve Nicholls, Merrill Burton, Ritchie King, Simon Walker, Charlie Highgate (SSVC); Jim Ellis, Dave Easterwood, Michael Heron, Scott Stothers, Richard Clark, J.P. Henriksen, die Route-66-Crew, Bill Dierickx, Mark Laproire, Jim Bryant (NEATO); Jochen Brauer, Michael Steinke, Peter Valentin, Wolfgang Staib, Michael Irlenbusch, Sven Thomsen und Flash (Bulli Kartei), die Stiftung Auto Museum in Wolfsburg und die Volkswagen AG. Besonderer Dank gebührt Tom Brouilette (NEATO), der uns immer wieder motivierte, am ursprünglichen Werk weiterzuarbeiten.

Ohne die Liebe, Unterstützung und Geduld meiner Frau Cee und die Toleranz meiner Familie wäre dieses Projekt nie vollendet worden.

David Eccles

1 Eine Legende wird erschaffen

Am 8. März 1950 wurde die Vision von Ben Pon Realität – es entstand der Volkswagen Transporter. Niemand konnte sich damals ausmalen, welche Bedeutung diese fahrende Schachtel bekommen würde; seine Geburt war nicht leicht!

Güter wollen bewegt werden

Nach dem Ende des Krieges waren Lastwagen, soweit sie überhaupt noch funktionierten, mit dem Wegräumen des Kriegsschutts beschäftigt. Gütertransport spielte währenddessen keine Rolle, da die Straßen weitgehend zerstört waren und infolge des Krieges Westdeutschland allein bereits in drei Besatzungszonen zerfallen war. Der Handel und damit das Transportwesen waren im Wesentlichen auf den regionalen Bereich beschränkt. Ein einfacher, praktischer Lieferwagen für Kleinunternehmen, Bauern und Händler wurde dringend benötigt, und so gab es viele Hersteller, die ihre Produkte zu Lieferwagen umgestalteten. Bis 1947 beschränkte man sich dabei auf den Umbau vorhandener Personenwagen, z. B. des Mercedes-Benz 170 V, des Ford Taunus und des Opel Olympia. Außerdem gab es die Dreirad-Lieferwagen von Tempo und Goliath. VW folgte dieser Idee. Ferdinand Porsche erdachte einen Käfer-Kombi, der vor dem britischen Major Ivan Hirst Gnade fand, der für die Besatzer das Volkswagenwerk leitete. Vorrang hatte jedoch die Herstellung der Limousine.

Gabelstapler der britischen Armee leisteten überall im Werk nützliche Dienste. Als diese für andere Aufgaben abgezogen werden mussten, kam Hirst und seinem Team der Gedanke, auf Käfer-Chassis flache Pritschen zu montieren. Um diese möglichst groß gestalten zu können, wanderte der Fahrerplatz über den Heckmotor. Durch ein angepasstes Lenkgestänge blieb das Fahrzeug manövrierfähig. Man bezeichnete dieses Fahrzeug als Plattenwagen.

Dank engen Wendekreises waren die Fahrzeuge äußerst beweglich, so wie es für die Transportaufgaben im Werk ideal war. Wenigstens einer war noch zu Beginn der siebziger Jahre beim Volkswagenwerk im Einsatz! Gefertigt wurden diese Fahrzeuge aus den Teilen, die man gerade zur Hand hatte. Motor, Antrieb und Radaufhängungen lieh man sich natürlich vom Käfer. Der Fahrer hatte seinen Platz hinten über dem Motor. Vom Aufbau her war das Fahrzeug jedoch völlig eigenständig, während andere Fahrzeuge umgebaute Personenwagen waren.

Die Idee von Ben Pon

Der niederländische VW-Importeur hatte das Potenzial des Käfers längst erkannt; schon 1938 hatte er einen im Raum Berlin gefahren. Nach dem Krieg war Pon 1946 und 1947 im Volkswagenwerk; erst dann konnte er erste Exemplare in die Niederlande einführen. Als er die Plattenwagen im Werk herumfuhrwerken sah, erkannte er, dass auch die ein Geschäft werden könnten und bemühte sich um eine Importlizenz. Diese Idee wurde jedoch durchkreuzt von der unumstößlichen niederländischen Vorschrift, dass der Fahrer vor der Ladung zu sitzen habe. Daher schwenkte Pon bei einem Gespräch mit Major Hirst am 23. April 1947 in Minden auf einen geschlossenen-Frontlenker-Transporter um – die dazu entstandene Skizze wurde weltberühmt. Die grobe Zeichnung zeigt bereits die Inspiration des Bullis mit Kastenform, von hinten zugänglichem Motor, abgeschrägtem Bug und dem Fahrerplatz über den Vorderrädern. Dennoch befand Colonel Radclyffe, der die gesamte Produktion in der britischen Zone leitete, dass die Ressourcen des Werks mit der Herstellung des Käfers ausgelastet seien; schweren Herzens entschied er sich gegen den Transporter.

Doch das Projekt war nur aufgeschoben. Als im Januar 1948 Heinrich Nordhoff Generaldirektor des Volkswagenwerks wurde und damit die Deutschen in Wolfsburg wieder das Sagen bekamen, stellte Pon diesem seine Transporter-Idee vor. Im Herbst desselben Jahres beschlossen Heinrich Nordhoff und sein technischer Direktor Dr. Haesner, ein solches Fahrzeug serienreif zu machen.

Produktionsbeginn

Als Entwicklungsauftrag (EA) 7 begann die Entwicklungsarbeit am Transporter, der intern als Typ 29 bezeichnet wurde. Daneben arbeitete Volkswagen an drei weiteren Projekten: Beginn der Großserienfertigung des Käfers (Typ 11), Entwicklung eines Exportmodells neben der Standardausführung für 1949 und die Entwicklung eines als Typ X bekannten Modells.

Angesichts dieses Bündels an Aufgaben benötigte Haesner mehr Entwicklungspersonal und schrieb am 11. November 1948 an Nordhoff, dass er die Dienste weiterer Arbeiter benötige, weil der bereits vorhandene Sachverstand nicht ausreiche und die Parallelarbeit an allen drei Projekten unmöglich sei. Trotz dieses Personalengpasses bekam Nordhoff am 20. November die ersten Blaupausen auf den Schreibtisch. Sie zeigten gleich zwei Modelle, die sich allerdings nur in der Bugform unterschieden. Die bevorzugte Variante A zeigte eine oben etwas zurückgebogene Form ohne überhängendes Dach. Die ersten Windkanaltests in Braunschweig ergaben ein ungünstiges Resultat, bis ein Mitarbeiter der Technischen Hochschule eine rundlichere Bugform vorschlug, die Variante C. Dadurch ließ sich der Luftwiderstandsbeiwert von 0,75 auf 0,44 senken.

Nordhoff trieb das Projekt mit großem Elan voran, sich persönlich in viele Detailentscheidungen einbringend. Bei einem Treffen am 7. Februar 1949 beispielsweise schlug er eine geteilte Sitzbank vor, damit der Fahrersitz längsverstellbar sein könne. Den Konstrukteuren schien das nicht realisierbar, doch fand man diese Lösung ab August 1962 im Serienmodell!

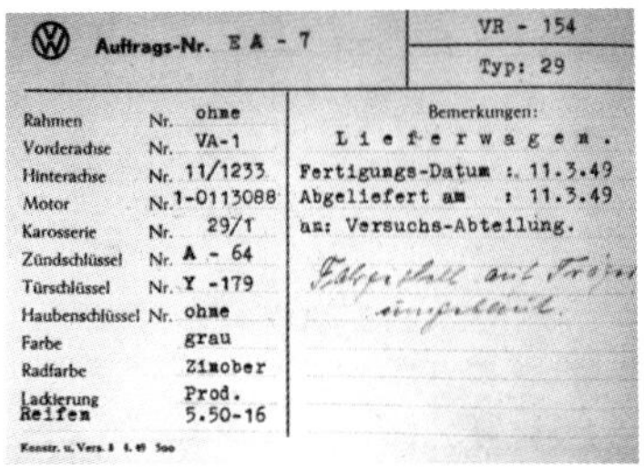
Auftrags-Nr. EA - 7 | VR - 154 | Typ: 29

		Bemerkungen:
Rahmen	Nr. ohne	Lieferwagen.
Vorderachse	Nr. VA-1	Fertigungs-Datum : 11.3.49
Hinterachse	Nr. 11/1233	Abgeliefert am : 11.3.49
Motor	Nr. 1-0113088	an: Versuchs-Abteilung.
Karosserie	Nr. 29/1	
Zündschlüssel	Nr. A - 64	
Türschlüssel	Nr. Y -179	
Haubenschlüssel	Nr. ohne	
Farbe	grau	
Radfarbe	Zinober	
Lackierung	Prod.	
Reifen	5.50-16	

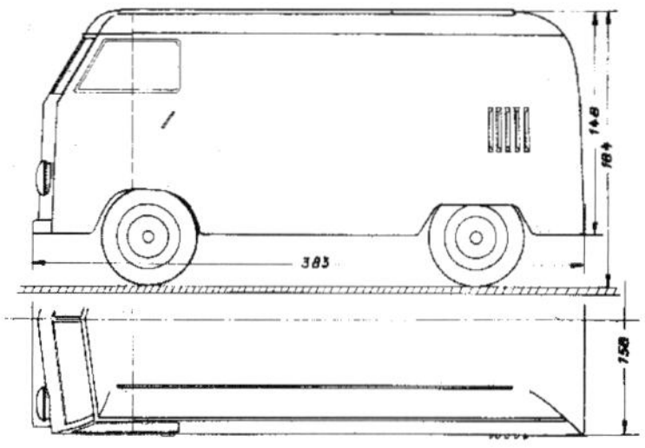

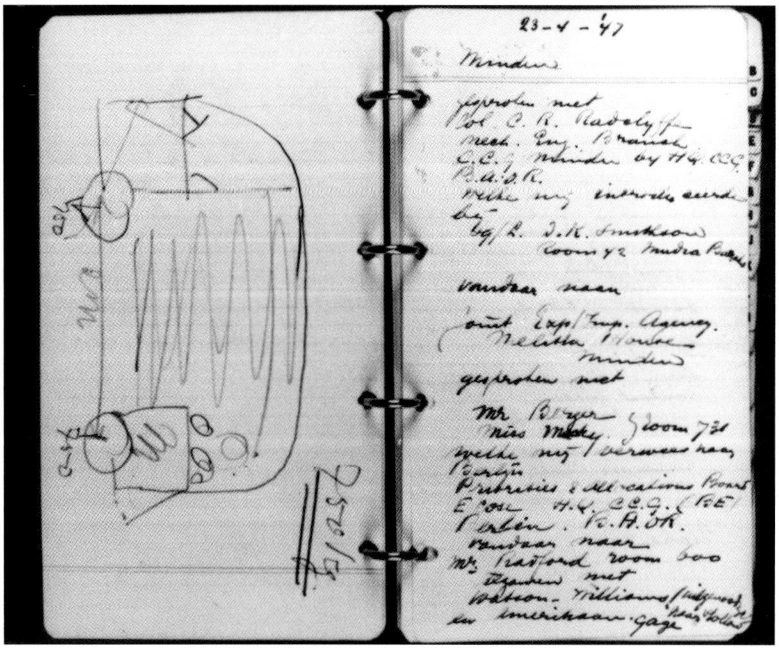

Skizze von Ben Pon (links), Vermerk zum EA 7, Blaupausen, Modelle für den Windkanal

Prototypen der ersten Generation

Am 11. März 1949 begannen die Probefahrten mit den ersten Prototypen, die auf einem vergrößerten Käfer-Chassis aufgebaut waren. Die Tests kamen jedoch am 5. April zu einem abrupten Ende, als die unveränderte Bodengruppe unter der Last der Fracht zusammenbrach. Die Rahmenbodengruppe musste also stabiler konstruiert werden. Haesner bemerkte Nordhoff gegenüber, dass die beabsichtigte Transportaufgabe in dem Umfang, wie sie unter anderem von Porsche erdacht worden sei, mit der Bodengruppe des Käfers nicht bewältigt werden könne, weil diese insbesondere den auftretenden Biegekräften nicht gewachsen sei.

Also begannen die Konstrukteure von neuem mit neuer Karosserie und neuem Rahmenboden, nun aber unter größtem Zeitdruck. Der erste Prototyp, gefolgt von einem zweiten, erhielt ein separates Chassis mit Kasten-Längsträgern und Auslegern zur Lastaufnahme. Deren Erprobung begann im Mai.

Nordhoff hatte sich längst einen Produktionsbeginn im November oder Dezember vorgenommen und legte sich am 19. Mai auf einen Produktionsbeginn spätestens am 1. Dezember 1949 fest. Zum Jahresbeginn sollte der Verkauf im großen Stil anlaufen. Technikdirektor Haesner wies darauf hin, dass dies nur möglich wäre, wenn das Transporter-Projekt absolute Priorität bekäme. So begann die Entwicklung einer selbsttragenden Bodengruppe, die mit der Karosserie verschweißt wird. Ein Reduktionsgetriebe ähnlich der am Kübelwagen der Wehrmacht verwendeten Ausführung vergrößerte Übersetzung und Bodenfreiheit zugleich. Aus Kostengründen wurden an der Hinterachse gleich zwei Drehstabfedern eingesetzt. Der zweite Prototyp lief sehr zufriedenstellend und erreichte auf Testfahrten im werkseigenen Testgelände über 12.000 Kilometer.

Am 15. August wurde entschieden, dass vier Varianten zur Vorstellung am 15. Oktober vorangetrieben werden sollen: Der Kastenwagen, zwei Ausführungen für Sonderzwecke (vermutlich Pritsche bzw. Pick-up) und ein Achtsitzer-Kleinbus, sowie fahrende Postschalter und Krankenwagen. Diese Prototypen der zweiten Generation wiesen bereits kleinere Änderungen im Styling auf: Der Tankdeckel war in den Motorraum gewandert und die Motorraum-Belüftungsschlitze verliefen waagerecht statt senkrecht.

Die Produktionsvorbereitung lief unter großem Zeitdruck ab. Nordhoff kümmerte sich um jedes Detail und wünschte immer mehr Änderungen. Zum Beispiel sollte das Reserverad nicht senkrecht im Motorraum untergebracht werden, wo es den Laderaum unnötig verkleinerte. Er verlangte robustere Türscharniere und wünschte sich einen niedrigeren Motorraum, um Platz für eine zusätzliche Wärmedämmschicht zum Innenraum hin zu schaffen. Ein weiterer Prototyp, der einige seiner Forderungen beinhaltete, war am 31. August 1949 fertig und wurde zu Probefahrten auf Deutschlands zerschundene Straßen losgelassen.

Pressevorstellung

Die Pressevorstellung musste zunächst auf den 6. und dann auf den 12. November verschoben werden. Der zuvor bestehende Druck verrät sich an einem Vermerk Haesners vom 26. September. Die Einhaltung des Vorstellungstermins für die vier Pressefahrzeuge setze die Lieferung der Dachbleche bis zum 10. Oktober voraus. Man benötige für die Prototypen vier Dachbleche, dazu eines vorab zur Erprobung. Die bisherigen Dächer seien von Hand gefertigt worden, nicht in Presswerkzeugen. Daher seien sie zwangsläufig nicht wie für die Pressefahrzeuge vorgesehen gebogen. Es fehle ihnen daher an der nötigen Spannung, sodass sie beim Fahren flatterten. Für die Pressefahrzeuge könne daher auf gebogene Dachbleche aus der Blechpresse nicht verzichtet werden.

Das Presswerk sah sich zur Ausführung des Auftrags außerstande, während die Herstellung von Hand vier Wochen gekostet hätte. Haesner griff ein und ordnete Überstunden an, doch die Dächer waren erst am 20. Oktober fertig, und die Lackierung dauerte ebenfalls länger als geplant. Indessen hatte Nordhoff weitere Änderungswünsche und verlangte noch am 4. November in einer handschriftlichen Notiz an Haesner, das Fahrzeuggewicht auf 875 kg zu senken. Wie Haesner all das wahr werden ließ, blieb sein Geheimnis. Trotz all dieser Schwierigkeiten wurde der Typ 29 am 12. November 1949 der Presse vorgestellt. Nur einen Namen hatte das Fahrzeug nicht.

Die Namenssuche gestaltete sich schwierig, immer wieder traf man auf vorhandene Namensrechte oder auf Bezeichnungen mit zu wenig Unterscheidungskraft wie Bully, Dura, Felix, Fix, Swift, Mulix, Pilot, Juwel oder Triumphator. Die besten Chancen hatte noch Bullybus, doch das schien dem Traktor

Sinalco-Transporter 20 001 502 vom Juni 1950, jetzt vollrestauriert im Autostadt-Museum.

Lanz „Bulldog" zu ähnlich. So wurde der Wagen einfach als Typ 2 Transporter vorgestellt.

Bei der Vorstellung am 12. November ging Nordhoff auf die Problematik der Namensgebung ein. Der Hersteller des Bulldog habe darauf hingewiesen, dass ein kleines Versehen bei der Bestellung nicht zur Lieferung des gewünschten Ackertraktors führen könne, sondern eines elfenbeinfarbenen Krankenwagens. Man stelle sich nur vor, das elegante Modegeschäft „A la Femme Elegante" sehe sich plötzlich außerstande, die safran-orangefarbene Abendgarderobe der Diva Miss Pia de Nutti anders als mit dem Traktor auszuliefern!

Heinz Nordhoff lächelte leise, als er an den Rand seiner Brille griff und verkündete, dass der neue Lieferwagen ganz einfach als Transporter anzusprechen sei. Mit spöttischem Lächeln setzte er hinzu: „Vorsicht, meine Damen und Herren, wenn Sie den Bulldog treffen – er beißt!"

Er führte weiter aus: Wie der Käfer sei auch der Transporter ein kompromisslos praktisches Fahrzeug. Deshalb sei man nicht von einem verfügbaren Fahrwerk ausgegangen, sondern von der Idealvorstellung des Laderaums. Dieser liege zwischen dem Fahrersitz vorn und dem Motor hinten. Nur bei diesem Lieferwagen befinde sich der Laderaum genau mitten zwischen den Achsen. Das Gewicht des vorn sitzenden Fahrers werde hinten durch Motor und Getriebe ausgeglichen; das sei der beste Kompromiss.

Man habe sich für das Heckmotorkonzept des Transporters nicht wegen einer eventuellen moralischen Verpflichtung entschieden. Volkswagen hätte den Motor gewiss vorn eingebaut, wenn das die bessere Lösung gewesen wäre. Hier weiche Volkswagen von der allgemein vorherrschenden Meinung ab. Die bekannte Frontmotor-Frontlenker-Lösung verursache bei unbeladenem Fahrzeug eine erschreckend unausgewogene Gewichtsverteilung und sei deshalb sofort verworfen worden. Der Zustand der Bäume an den Straßen überall in der britischen Besatzungszone verrate, wie sich die nach diesem Prinzip gebauten Lieferwagen, die das britische Militär einsetze, verhielten.

Im November 1949 erschien der erste Bericht über den Volkswagen Transporter in der Automobilpresse. Man zeigte einen der Prototypen und nannte ihn den neuen Typ 29. Im Februar 1950 wurden die ersten Bullis an ausgewählte Großkunden zur Erprobung ausgeliefert. Der offizielle Verkauf begann mit der Vorstellung auf dem Genfer Salon im März 1950. Die Großserienfertigung lief am 8. März mit zehn Fahrzeugen pro Tag an. Die Bezeichnung Typ 29 galt noch bis Mai 1950, als der Lieferwagen zum Typ 21A wurde. Diese Änderung wurde nötig, als Kleinbus Typ 22 und Kombi Typ 23 zum Programm hinzukamen.

Die ersten Transporter

Was genau mit den Transportern mit den Fahrgestellnummern bis 13 geschah, ist unbekannt. Einige kamen zurück ins Werk. Die Werksunterlagen

Transporter 1424 – Wandel vom Lastesel zum restaurierten Museumsstück.

verraten, dass die Nummern 3 und 5 zu Pritschenwagen umgebaut und im Werk bis 1954 benutzt wurden. Einer der ersten Vorserien-Prototypen blieb im Werk und wurde dort bis Ende der fünfziger Jahre eingesetzt. Als Transporter 1424 wurde er für Materialtransport und allgemeine Aufgaben eingesetzt, wie die Fotos zeigen. Er wird Fahrgestellnummer 10 tragen und wurde nachträglich vielfach abgewandelt, unter anderem mit einer Heckscheibe – offenbar einer umfunktionierten Seitenscheibe – und den Ladetüren des Kombis. Er kam Ende der sechziger Jahre ins Wolfsburger Werksmuseum und wurde inzwischen vollständig restauriert.

Der erste offiziell verkaufte Bulli trug die Fahrgestellnummer 14 und Motornummer 174936. Nur grundiert kam der Wagen am 8. März zum Autohaus Fleischhauer in Köln. Bestimmt war er für die Parfümfabrik 4711, die dadurch zum ersten Bulli in Sonderlackierung überhaupt kam – die Sonderlackierungen sollten in der zukünftigen Bulli-Werbung groß herausgestellt werden.

Die Fahrgestellnummer 25 mit Motornummer 176614 ging am 8. März an die Firma Winter in Berlin. Ben Pons Importgeschäft erhielt die Fahrgestellnummer 32 am 17. März, ebenfalls nur grundiert. Das Fahrzeug wurde im Juni an die Firma Knebel in Siegen weiterverkauft. Im März entstanden nur wenige Fahrzeuge, im April 309 und im Mai 333 Stück. Im Oktober schaffte man bereits 1126 Bullis! Den Kastenwagen gab es in Taubenblau oder nur vorlackiert; 1950 entstanden 2356 Exemplare. Davon waren 1989 Stück nur vorlackiert, um später eine unternehmensspezifische Lackierung zu erhalten. Gewerbe und Handel hatten also schon verstanden, dass das Fahrzeug auch Werbeträger sein konnte. Von den insgesamt im Jahr 1950 entstandenen 8059 Bullis waren siebzig Prozent Kastenwagen. Für Ausstellungszwecke wurde ein Kleinbus mit Fahrgestellnummer 230 und Motornummer 190946 am 15. April ausgeliefert; die richtige Serienfertigung begann am 22. Mai mit Fahrgestellnummer 478 und Motornummer 198756. Der erste Kombi hatte die Fahrgestellnummer 511 und Motornummer 198139; er

Kleinbus-Prototyp (oben), frühe Auslieferungen, Kombi-Prototyp (rechts unten)

lief am 13. Mai vom Band und wurde grundiert an ein Unternehmen in Essen geliefert. Beide wurden offiziell im Juni 1950 eingeführt. Es blieb bei der Einheitsfarbe – ganz wie einst bei Henry Ford. Vom Kombi wurden also 919 Stück in Taubenblau und 264 grundiert ausgeliefert. Die Ausstattung war karg; Sonderausstattungen wie Innenverkleidungen, Isolierung oder Heckfenster mussten von den Händlern nach Herstellerangaben eingebaut werden. Der Kleinbus bot immerhin eine andere Lackierung – er war ausschließlich in Grau lieferbar. Für ihn gab es ein paar werksmontierte Extras wie Hecktür, Durchgang zum Laderaum und einen Frischluftventilator auf dem Dach.

Das erste offizielle Exportexemplar ging mit Fahrgestellnummer 724 im Juni nach Belgien, der erste Übersee-Export war ein Kombi mit Fahrgestellnummer 591, der im August nach Brasilien verladen wurde. Ben Pon exportierte zwei Exemplare in die USA. Der Exportanteil betrug bald 20 Prozent. Ende des Jahres lag bereits ein Auftragspolster von 10.000 Stück vor; das entsprach fast der Jahresproduktion!

Der erste Verkaufsprospekt wurde Ende 1949 hergestellt und enthielt Bilder der letzten Prototypen.

1950 gab es eine Farbbroschüre, um die Vielseitigkeit des Bullis zu zeigen. Ende 1950 wurde die Prospektkunst für den Bulli jedoch durch Einschaltung des bewährten Grafikers Bernd Reuters auf eine neue Ebene gehoben. Seine leicht verfremdeten Zeichnungen eleganter, stromlinienförmiger Bullis blieben den VW-Prospekten lange erhalten – sie gelten heute als Sammlerstücke.

Dr. Haesner fasste zusammen, dass man sich bei der Entwicklung an den Anforderungen für Lieferwagen orientiert habe, wie sie in aller Welt gälten. Demnach müsse ein möglichst großer Anteil der Grundfläche für die Ladung zur Verfügung stehen, er müsse so vielseitig wie möglich sein und er müsse auch als Pritschenwagen mit Plane und Spriegel erhältlich sein. In diesem Rahmen sei der Typ 29 für Stadt und Land, für Autobahnen und Ackerwege, für den Transport von Waren und Personen konzipiert worden; Kleinunternehmer und Lieferfirmen könnten ihn gleichermaßen nutzen. Er eigne sich ebenfalls als Postschalter und Krankenwagen. Der Typ 29 sei wendig und sparsam. Trotz geringer Wartungsansprüche sei er robust. Er sei leicht zu beladen und zu fahren. Er nutze moderne Technik und sehe nicht schlecht aus. Er sei im Sommer wie im Winter zuverlässig und mit zahlreichen Sonderausstattungen und Extras erhältlich. Der Typ 29 sei mit seinen lebendigen, zuverlässigen, effizienten und nützlichen Eigenschaften ein echter Volkswagen – alles in allem ein echter Allzweckwagen.

Das Angebot wird breiter

Im April 1951 wurde in Frankfurt die erste IAA nach dem Krieg abgehalten. Dort wurde der Kleinbus in Sonderausführung vorgestellt – mit mehr Fenstern, großem Faltschiebedach, Dachkantenfenstern, Innenverkleidungen an Dach und Seiten, Chromzierrat, Armlehnen und über die ganze Wagenbreite reichender Armaturentafel. Die Serienfertigung begann im Juni; das Faltdach war auch beim normalen Kleinbus erhältlich. Dieser Samba ist heute besonders beliebt, besonders

Aus dem ersten Verkaufsprospekt (1949).

die bis 1963 gebaute Ausführung mit 23 Scheiben, wenn man die gewölbten Dachscheiben mitzählt.

Auch der Kombi und der Kastenwagen mit beidseitigen Ladetüren erhielten auf Wunsch ein Schiebedach; ab April 1951 war serienmäßig ein Heckfenster eingebaut. Gleichzeitig entwickelte VW eine Freizeitausstattung für den Bus, die Camping-Box. Im Dezember begann der Bau des VW-Krankenwagens. Zuvor hatte Miesen eine solche Variante hergestellt, basierend auf dem Kastenwagen. Der Krankenwagen erhielt eine größere Heckklappe und eine kleinere Motorhaube. Der Exportanteil stieg, ebenso die Gesamtproduktion mit 12.003 Exemplaren. Kombi und Kleinbus machten rund die Hälfte des Verkaufs aus.

Das nächste Bulli-Grundmodell, der Pritschenwagen, ging im August 1952 in Serie. Dazu waren zwei grundsätzliche Veränderungen am Transporter-Konzept nötig: Das Reserverad wanderte vom Motorraum hinter den Beifahrersitz und der Tank vom Motorraum über die Hinterachse. So konnten der Motorraum niedriger gestaltet und die Ladefläche bis zum Heck gestreckt werden. Die Produktionszahl stieg beträchtlich auf 21.665 Stück; davon waren nur 43 Prozent Kastenwagen. Der neue Pritschenwagen erwies sich als beliebt und erreichte in nur fünf Monaten 7 Prozent der Gesamtstückzahl des Jahres. Auch die Sonderlackierung für Unternehmen wurde immer beliebter – ein Thema, das VW allzu gern in der Werbung aufgriff. Wo immer man in Europa auf die Straße blickte, war auch ein Bulli in Sonderlackierung zu sehen. Der Export nach Indonesien und Afrika nahm besonders stark zu, während die neu gegründete VW Canada 110 Exemplare importierte. Im März 1953 begann bei VW do Brazil die Montage des Bullis aus vorbereiteten Kits. Mit den ersten Rechtslenkern begann auch der Bulli-Export nach England.

Ausdehnung nach Hannover

1954 entstanden jährlich 40.000 Transporter in Wolfsburg. Selbst mit Überstunden waren aber mehr als 170 Fahrzeuge am Tag nicht zu schaffen. Man hätte doppelt so viele verkaufen können. Das Angebot an Arbeitskräften in Wolfsburg wurde knapp; von den 35.000 Einwohnern arbeiteten schon 24.000 bei VW. Weitere Arbeiter kamen sogar vom fernen Hannover herbei, obwohl es noch keine Autobahnen dort gab. Deshalb fiel am 24. Januar 1955 der Beschluss, ein Lieferwagenwerk in Hannover zu bauen, wo mehr Arbeitskräfte zur Verfügung standen, außerdem ideale Anbindung an Schienen-, Straßen- und Wasserwege.

Das Gelände war am 4. Februar gekauft, und der Bau begann am 1. März. Nordhoff übernahm wie immer die persönliche Kontrolle des gesamten Projekts, hatte immer neue Ideen für die Architekten, bisweilen auf ihnen insistierend. Am Ende entsprach die Konstruktion weitgehend dem Mutterwerk in Wolfsburg.

1955 fand eine Überarbeitung statt, die dem Bulli das heute vertraute Angesicht brachte. Das Dach stand über der Windschutzscheibe vor und ließ an der Unterseite Frischluft herein – einfach und effektiv, wie alles am Transporter. Die Motorhaube wurde deutlich verkleinert zugunsten einer Ladeklappe darüber, und das Lenkrad hatte nunmehr zwei statt drei Speichen. Mit diesen Änderungen wurde der Transporter noch effizienter und beliebter.

Kunstwerke von Bernd Reuters für die Bulli-Werbung, rechts unten Bild von der IAA auf einem Prospekt von 1951.

Nur ein Jahr und acht Tage nach Baubeginn begann das Werk Hannover zu produzieren; ein taubenblauer Pritschenwagen (Fahrgestellnummer 171 056) rollte am 9. März 1956 vom Band. Noch am gleichen Nachmittag erhielt der Hannoveraner Händler einen Kastenwagen und einen Kombi, und über den Bahnanschluss verließen vier Pritschenwagen das Werk zur Verschiffung.

Die Herstellung des Transporters lief bis 19. April 1956 parallel in Wolfsburg und Hannover, dann ab Fahrgestellnummer 178 004 nur noch in Hannover. Die in dieser Übergangszeit in Wolfsburg hergestellten Bullis unterschieden sich geringfügig von den Hannoveranern und nutzten ein paar ältere Teile, zum Beispiel den dreiteiligen vorderen Kotflügel und die alte Stoßstange mit etwas längeren gewellten Mittelstücken.

Volkswagen war nun ein Großproduzent mit Weltbedeutung, und trotz kleinerer Verbesserungen blieb der T1 der etwas eigenwillige, aber zuverlässige und vielseitige Kasten auf Rädern.

Werke Wolfsburg und Hannover (unten).

Wohlverdienter Ruhestand

Diese Abbildung zeigt einen der drei noch existierenden Plattenwagen. Die beiden anderen gehören der Stiftung Automuseum in Wolfsburg und der Sammlung Lottermann in Bad Camberg.

1997 planten die BulliKartei und einige niederländische Enthusiasten eine Veranstaltung in Verbindung mit der Autohandelsfirma Ben Pon zum fünfzigsten Jahrestag der Pon-Skizze. Der damalige Vorsitzende der BulliKartei, Jochen Brauer, landete einen Coup mit seiner Präsentation eines für die mobile Sammlung seines Vereins gekauften Plattenwagens, der noch älter war als die bekannten Museumsexemplare. Das 1946 gebaute Fahrzeug trug die Werkswagen-Nummer 108. Die Arbeitsnachweise für dieses Fahrzeug reichen bis 1973. Der Wagen war sehr heruntergekommen und musste als Mittelpunkt der Jubiläumsfeierlichkeiten umfangreich hergerichtet werden. Die Niederländer im Organisationskomitee boten die Wiederherstellung an, damit der

Plattenwagen bei den Jubiläumsfeierlichkeiten im Zentrum stehen konnte. Hans Sprenkels und Herman Brooimans holten den Wagen aus Deutschland, um ihn in Holland zu restaurieren. Als frühes Exemplar sollte dieser Plattenwagen ein verkürztes Käfer-Chassis haben, doch tatsächlich befand sich unter der Ladefläche ein modifizierter Transporter mit 30 PS-Industriemotor und einem Reduktionsgetriebe! Selbst Vorderachse und Lenkung stammten von einem Transporter!

Als Betriebsfahrzeug wurde der Plattenwagen hart herangenommen und daher mehrmals gründlich repariert. Aus funktioneller Sicht spielte bei den Reparaturen die Originaltreue natürlich keine Rolle, vielmehr konnte man sich leicht bei den vielen im Werk produzierten Transporter-Ersatzteilen bedienen. Vermutlich ist das Stück Metall mit der Fahrgestellnummer das letzte Originalteil an diesem Plattenwagen; es wurde auf die T1-Bodengruppe aufgeschweißt. Ein interessantes Dokument über den Lauf der Zeiten!

In Holland angekommen, stellten sich der Restaurierung sogleich einige Hindernisse in den Weg. Lack war so gut wie keiner zu sehen, und so begannen endlos viele Stunden Arbeit mit der Drahtbürste. Die Ladefläche schien sandgrün lackiert worden zu sein, doch der Farbton war erst 1964 eingeführt worden. Anstelle dieser offenbar nachträglichen Lackierung wurde ein bläuliches grün in der Art gemischt, wie es unmittelbar nach dem Krieg zur Verfügung stand. Als Sitz war bei diesem Exemplar eine Bank eingebaut, deren Befestigung auf der Motorraumabdeckung neu geschweißt werden musste. Der Plattenwagen im Museum hat zwei Einzelsitze; ansonsten sind sich die Fahrzeuge aber sehr ähnlich. Ein Kabinendach wie beim Museumsexemplar war stets eine spätere Ergänzung. Anstelle eines Zündschlosses findet man nur einen Anlasserknopf auf der Armaturentafel. Der Motor musste komplett überholt werden; das Gasgestänge war verloren gegangen und der Öldruckgeber funktionierte nicht mehr. Der Kraftstoff kam aus einem Kanister im Motorraum. Eine Kraftstoffleitung vom Tank zum Motor war also nachzurüsten. Die elektrische Anlage erforderte viel Arbeit; die Leuchten wurden erneuert. Die Arbeiten konnten gerade noch rechtzeitig zum 50. Jubiläum beendet werden – bis auf das Handbremskabel, das wegen der veränderten Position des Handbremshebels eigens angefertigt werden musste.

Der Plattenwagen wurde vielfach ausgestellt, unter anderem beim British Volkswagen Festival in Malvern, Worcestershire. Es verteilte Morgenkaffee beim VW Euro in Holland und lieferte sich mit einem moderneren Bus von 1998 ein Sprintrennen. Mit seinen nur 300 kg Gesamtgewicht trug der Plattenwagen sogar knapp den Sieg davon. Wie das Bild unten zeigt, ist er auch für den Personentransport geeignet – passender Ruhestand für einen Vorläufer des VW Transporters und Beweis für Einfachheit, Erfindungsgeist und Haltbarkeit, den typischen Eigenschaften des VW Transporters also. Ein aus der Notwendigkeit geborenes Zweckfahrzeug, aus dem eine Ikone aufstieg, die zur Legende wurde!

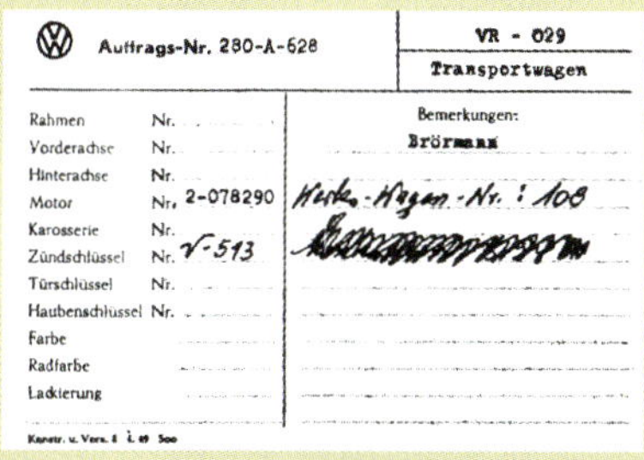

Auftrags-Nr. 280-A-628 | VR - 029 | Transportwagen

Rahmen Nr.
Vorderachse Nr.
Hinterachse Nr.
Motor Nr. 2-078290
Karosserie Nr.
Zündschlüssel Nr. V-513
Türschlüssel Nr.
Haubenschlüssel Nr.
Farbe
Radfarbe
Lackierung

Bemerkungen:
Brörmann
Werks-Wagen-Nr.: 108

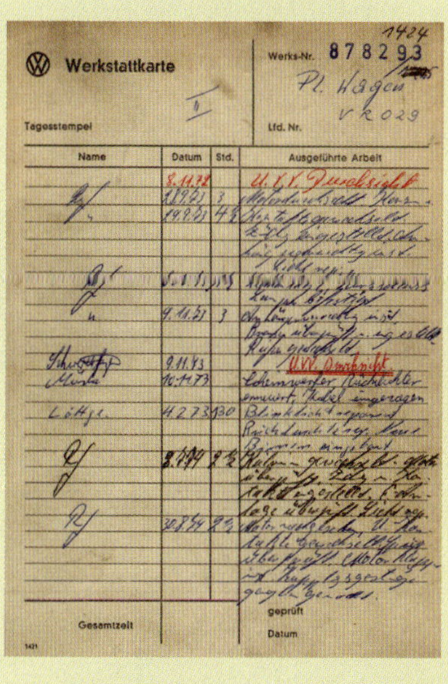

Werkstattkarte

Werks-Nr. 878293

Pl. Wagen
VR 029

Tagesstempel
Lfd. Nr.

Name	Datum	Std.	Ausgeführte Arbeit
Gesamtzeit			geprüft Datum

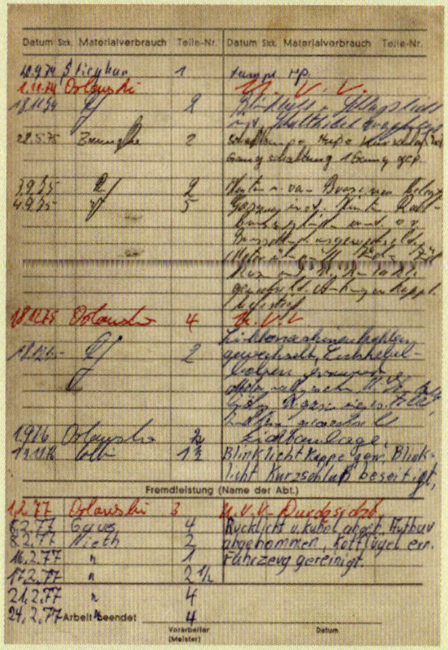

Datum	Std.	Materialverbrauch	Teile-Nr.	Datum	Std.	Materialverbrauch	Teile-Nr.

Fremdleistung (Name der Abt.)

Arbeit beendet

Vorarbeiter (Meister)

Datum

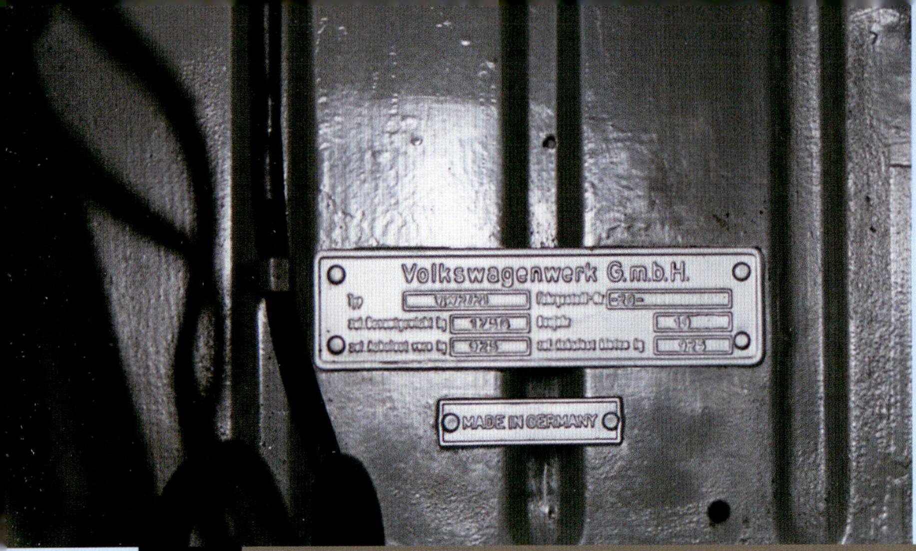

2 Code geknackt: Typenschilder

Alle in Deutschland gefertigten Transporter hatten Typschilder, die Modellbezeichnung und Fahrgestellnummer sowie weitere Angaben enthielten. Dadurch lässt sich die ursprüngliche Ausführung des jeweiligen Fahrzeugs rekonstruieren sowie Herstellungsdatum und Motornummer, ab 1958 auch Lack, Innenausstattung und werksseitig eingebaute Extras. Zu den Besonderheiten für in Brasilien, Australien oder Südafrika montierte Bullis siehe Kapitel 10. Während der ersten Monate wurde das Typschild mitten auf der Vorderwand des Motorraums zum Laderaum hin angebracht, lesbar vom Motorraum her. Als im Oktober 1950 das Reserverad innerhalb des Motorraums zwecks Absenkung der Motorraumabdeckung nicht mehr senkrecht, sondern waagerecht untergebracht wurde, verlegte man das Typschild nach unten rechts an die Vorderwand des Motorraums.

Das Schild gab die genaue Modellvariante (z. B. 21A, 24G oder 2/21), Motorgröße, Fahrgestellnummer und zulässige Zuladung an. Bis Oktober 1954 wurde auch das Herstellungsjahr eingeprägt. Ab Juli 1956 waren Angaben zur Freigabe der Heizungsanlage enthalten. Ab Januar 1959 entfiel die Anfangsziffer 2 der Modellbezeichnung; es blieb also bei 21, 22 etc. Im November 1963 wanderte das Typschild in die Kabine neben den Frischluftkasten über dem rechten Sitz. Die Angaben auf dem Schild änderten sich (siehe unten). Stets war die Fahrgestellnummer auch auf die Schürze an der Motorhalterungsplatte rechts im Motorraum nahe bei der Batterie eingeschlagen.

Bis Mai 1952 war in die Vorderwand des Motorraums auch eine separate Karosserienummer eingeprägt, bis Oktober 1958 dann in die Kabinenrückwand hinter dem linken Vordersitz. Ab Oktober 1968 entfiel die Karosserienummer. Stattdessen wurde ein M-Schild rechts an die Trennwand hinter dem rechten Sitz angebracht. Dort kann man die vollständige Modellnummer ablesen, die die genaue Ausführung einschließlich Links-/Rechtslenkung, die Zahl der Ladetüren, das genaue Herstellungsdatum, sämtliche Sonderausstattungen sowie die Lack- und Innenausstattungsfarben verrät.

Das Typschild

Wie bereits erläutert, enthält das Typschild nur begrenzte Informationen, aber durch Vergleich der Fahrgestellnummer mit den Herstellungstabellen in Kapitel 3 kann man den Herstellungsmonat genau ermitteln. Ab 1963 enthielt das Typschild genauere Informationen, wie das Beispiel unten zeigt.

Die erste Nummer gibt das Modell an; die 23 steht hier für den Kombi, während 21 den Kastenwagen oder 24 den Samba-Bus bezeichnet. Weitere Einzelheiten hierzu enthält Kapitel 5.

Die zweite Zeile betrifft die Heizungsanlage. Wegen der Luftkühlung bedurfte die Heizung vor Inbetriebnahme einer Sicherheitsprüfung – keine Abgase durften in den Innenraum gelangen. Die deutschen Vorschriften verlangten lesbare Angaben hierzu. Es handelt sich hier also um eine Heizung des Typs 2/255A. Prüfz. steht für das die Sicherheit bescheinigende „Prüfzeichen", in diesem Fall das mit der Nummer S45, das vom TÜV vergeben worden war, für den die drei Wellenlinien stehen.

Mit Fahrgest.-Nr. ist die Fahrgestell- oder Identnummer gemeint.

Von 1950 bis 1964 wurden die Fahrzeuge einfach durchnummeriert, beginnend mit 20 000 001. Die 20 am Beginn – sie stand für den Typ 2 – entfiel ab Januar 1956.

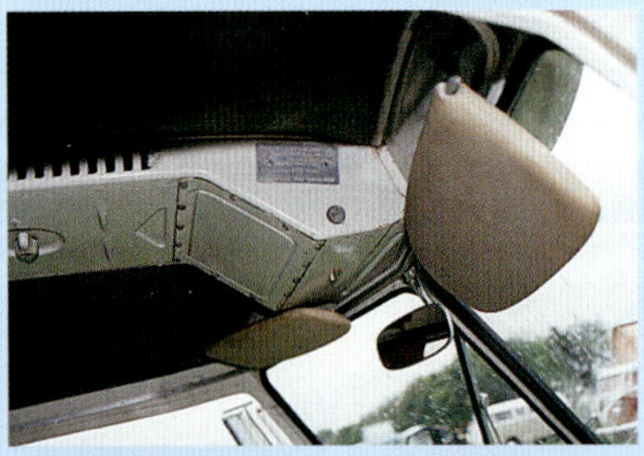

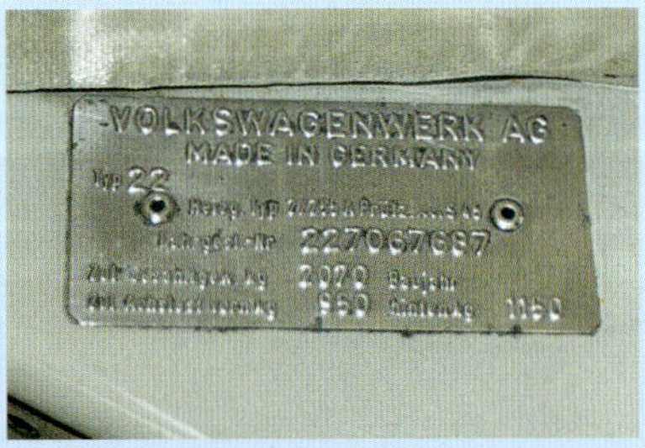

Die Platzierung des Typschilds bis 1963 (links) und danach (rechts)

VOLKSWAGENWERK AG
MADE IN GERMANY
Typ 23
Heizg. Typ 2/255 A Prüfz.~~~S45
Fahrgest.-Nr. 236077158
Zul. Gesamtgew. kg 2070 Baujahr
Zul. Achslast vorn kg 950 hinten kg 1150

20 D

396 043 183

EN 2342 131383 6077158

Typschild links, M-Schild rechts

Im August 1964 wurde der Zählnummer eine aus drei Ziffern bestehende Bezeichnung für Modell und Baujahr vorangestellt. Im Beispiel oben bezeichnet die 23 einen Kombi und die 6 das Modelljahr 1966. Die nächsten sechs Ziffern sind die Zählnummer.

Als Nächstes ist das zulässige Gesamtgewicht angegeben, hier 2070 kg. Die anschließende Angabe zum Baujahr blieb nach 1954 leer.

Zuletzt ist die zulässige Achslast angegeben, hier 950 kg vorn und 1150 kg hinten.

Modelljahr und Herstellungsjahr

Das Modelljahr muss mit dem Herstellungsjahr nicht notwendig übereinstimmen. Meist wurden die Sommerferien, während der die Produktion ruhte, für die Umrüstung auf den neuen Jahrgang genutzt. Daher waren die ab August gebauten Fahrzeuge bereits dem nächsten Modelljahr zugeordnet, erstmals 1964. Nun begann man nach der dreistelligen Modellnummer (2**) jeweils auch mit neuen Zählnummern ab 000 001. Der oben gezeigte Kombi gehört dem Modelljahr 1966 an, wurde aber schon 1965 gebaut. Einzelheiten zum Beginn der jeweiligen Modelljahre sind in Kapitel 4 aufgeführt. Abweichungen in der technischen Ausführung sind meist darauf zurückzuführen, dass Restbestände alter Materialien aufgebraucht wurden. Zum Beispiel hat ein im April 1955 für England gebauter Pritschenwagen noch 16-Zoll-Räder, obwohl bereits im Vormonat 15-Zoll-Räder eingeführt worden waren.

Monat und Jahr der Herstellung können anhand der Produktionstabellen in Kapitel 3 ermittelt werden; ab 1958 ergeben sie sich aus dem M-Schild, welches das genaue Herstellungsdatum angibt.

Das M-Schild

Ab Oktober 1958 findet man rechts an der Wand hinter dem rechten Vordersitz ein zweites Schild mit dem genauen Herstellungsdatum und den werksseitig montierten Extras, dem Zielmarkt, der Modellnummer und Konfiguration sowie den Farben für Lack und Innenausstattung. Die Extras sind als Mehrausstattung bezeichnet, und daher leitet sich auch die Bezeichnung M-Schild ab.

Unter dem M-Schild klebt ein Schildchen mit dem Lackcode, das allerdings oft schon verschwunden ist, weil es sich im Lauf der Zeit abgelöst hat.

Oben rechts ist das M-Schild des Kombi von 1965 gezeigt, von dem auch schon das Typschild vorgestellt wurde. Dieses Fahrzeug hat einen Durchstieg zum Laderaum, dennoch befindet sich das Schild an der Wand hinter dem rechten Vordersitz.

Bei früheren Fahrzeugen steht in der ersten Reihe das genaue Herstellungsdatum mit zwei Zeichen für den Tag, zwei weiteren für den Monat und einem für das Jahr. 08 05 9 bedeutete also, dass der Wagen am 8. Mai 1959 gebaut wurde. 1963 ersetzte man die letzten drei Ziffern durch die Ziffern 1 bis 9 für die Monate bis September bzw. O, N und D für Oktober, November und Dezember. Der Kombi (20 D) wurde also am 20. Dezember hergestellt. Zum Modelljahr 1966 gehörend muss er bereits 1965 gebaut worden sein.

Platz für das M-Schild an der Trennwand

Die folgende Gruppe dreistelliger Zahlen gibt die Sonderausstattungen ab Werk an. Dabei kann es sich um notwendige Anpassungen an den Zielmarkt oder um vom Kunden bestellte Sonderausstattungen handeln. Soweit bekannt, sind diese M-Nummern in Kapitel 6 aufgeführt. Manche Kastenwagen haben keine M-Codes, verfügen also nur über die Grundausstattung, während andere gleich mehrere Zeilen füllen. Dabei ist die mittlere Nummer jeder Zeile auf eine ab Werk eingebaute Sonderausstattung bezogen. Hier bedeutet 396 die Anpassung an den englischen Markt, 043 bedeutet die Anpassung an den Schweizer Markt und 183 die zusätzliche Laderaumtür.

Die untere Zeile enthält vier Nummern. Die ersten beiden verraten den Zielmarkt. Im Fall unseres Kombis steht EN für England. Fehlt eine Angabe, so war das Fahrzeug für den deutschen Markt bestimmt.

Bisweilen steht nur das erste Zeichen für das Land und das zweite für den Zielort. JB meint Bologna, JT Turin. Das gilt für sämtliche nach Nordamerika exportierten Fahrzeuge; K steht für Kanada, U für USA. KH meint den Zielhafen Halifax, UA Los Angeles.

TE oder UT stehen nicht für ein Zielland, sondern für die Übergabe im Rahmen des Touristen-Programms: Ausländische Kunden holten ihren Wagen in Deutschland im Rahmen einer Urlaubsreise ab und ließen ihn später in ihr Land exportieren. Von diesem Programm machte besonders das US-Militärpersonal in Deutschland Gebrauch. Die Export-Codes sind in Kapitel 8 aufgelistet.

Die ersten drei Zeichen des nächsten Blocks geben das Modell wieder,

234 steht hier für den rechtsgelenkten Kombi mit zusätzlichen Ladetüren links – weitere Einzelheiten hierzu verrät Kapitel 5. Ab 1963 ist eine vierte Ziffer angegeben. Hier bedeutet 1 vermutlich die vorlackierte Ausführung, 2 Nitro-Lack und 3 Kunstharz-Lack. Gegen diese Lesart spricht jedoch, dass alle Exemplare mit doppelten Schiebetüren hier eine 6 haben. So ist 2416 ein Samba mit zwei Laderaumtüren – er wird am Ende dieses Kapitels vorgestellt.

Die dritte Gruppe der unteren Zeile gibt die Farbe von Lack und Innenausstattung an. Bis August 1963 wurde kein Lack-Code verwendet. Vielmehr wurde ein Abkürzungssystem verwendet. Zum Beispiel bedeutet TR BLW Türkis und Blauweiß und MGR PW Mausgrau und Perlweiß. Bei Exportfahrzeugen ist die Farbe in englischer Bezeichnung angegeben, z. B. „Blue" für Taubenblau. Durch Abgleich der Farbbezeichnung oder Abkürzung mit den Farbübersichten in Kapitel 7 kann die Originallackierung des Fahrzeugs ermittelt werden.

Ab Modelljahr 1964 (Einführung des größeren Heckfensters) sind sechs Ziffern angegeben, die man als drei Paare lesen muss. Die ersten beiden stehen für die obere Lackierung, die nächsten für die der unteren Karosseriepartien und die letzten beiden für die Innenfarbe. Ihre jeweilige Bedeutung kann den Tabellen in Kapitel 7 entnommen werden.

Der beispielhafte Kombi hat hier die Ziffern 131383. 13 steht für Perlweiß, er war also uni in dieser Farbe lackiert; die meisten Kombis und alle Kastenwagen waren uni. 83 steht für Gittergrau im Innenraum. Zum Schluss wird die Fahrgestellnummer ohne die beiden ersten, das Modell angebenden Ziffern wiedergegeben, hier also 6077 158.

Abwandlungen

Bei einigen Transportern finden sich geringfügig abweichende Angaben zu den Farben. Von 1958 bis 1963 wurde manchmal das Kürzel SK für speziellen Kunstharzlack vorangestellt. SK 1022 steht für Perlweiß mit Mausgrau, SK 1032 für Taubenblau. SK findet man vorwiegend bei den Westfalia-Campern und -Sondermodellen oder wenn der Lack beim Karosseriebauer aufgebracht wurde.

Ab August 1963 findet sich manchmal eine sechsstellige, mit 5 beginnende Zahl. Diese steht für den Einsatz im öffentlichen Dienst, z. B. der Feuerwehr, oder für den Export. Man findet diese auch an Westfalia-Campern. Auf die 5 folgen zwei Ziffern zum Modellcode und drei für die Farbe. Mehr zu den Farbcodes in Kapitel 7. Beispiele dieser M-Schilder werden auf der rechten Seite unten gezeigt.

Links das M-Schild eines Westfalia Campers von 1960, gebaut am 21. Juni 1960 (obere Reihe) mit folgenden Extras: 156 (großer Ölbadluftfilter), 119 (Eberspächer-Heizung), 121 (Frischluftgebläse), 181 (verchromte Radkappen) und 530 (Trittstufe unter Laderaumtür). Der unteren Zeile zufolge war das Fahrzeug für einen deutschen Kunden vorgesehen (keine Angabe zum Zielmarkt). Es handelte sich um einen linksgelenkten Kombi mit Ladetüren rechts (231). SK 654C ist ein Sonderlack, hier Siegellackrot und Beigegrau. Zum Schluss folgt die Fahrgestellnummer.

Das Beispiel rechts gehörte an einen Westfalia von 1967, gebaut am 23. Mai und ausgerüstet mit US-Spezifikation einschließlich Zweikreisbremse (430), Westfalia-Campingausbau SO 42 mit hochstellbarem Dach (C42), Sicherheitsgurtpunkten (025), Radio Emden (097) und SO 42 Camping-Innenausstattung (108). UT steht für Touristen-Programm, 2312 für einen linksgelenkten Kombi mit Ladetüren rechts in Nitrolackierung. Die 5 steht für Export, die 23 für das Modell und die 907 für den Westfalia-Farbton Perlweiß. Es folgt die Fahrgestellnummer mit der 7 für das Baujahr 1967 voran.

Zusammenfassung: Wie liest man das M-Schild?

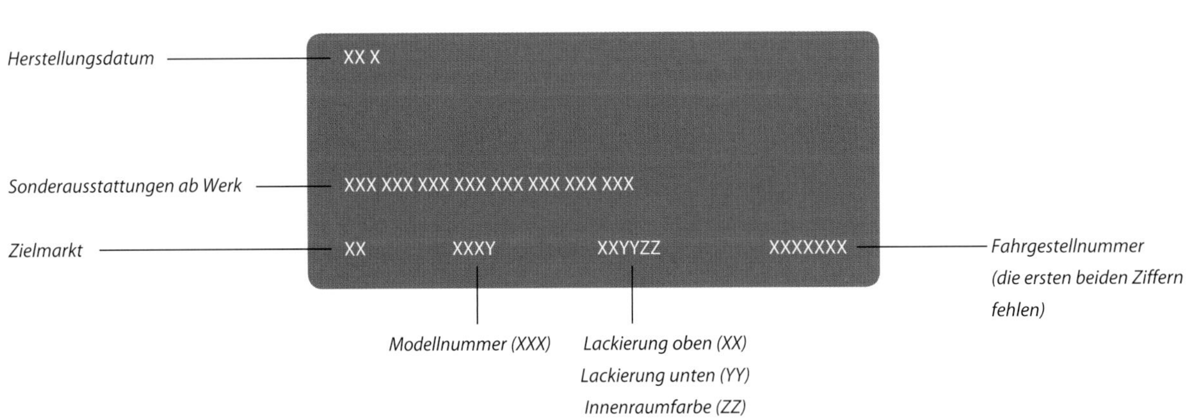

M-Schilder zweier Westfalia-Modelle von 1960 (links) und 1967 (rechts)

VW Pistenwagen

Der VW Bulli wurde auf vielen europäischen Flughäfen zum Transport von Personen und Gepäck eingesetzt. Dieses Exemplar tat bis 1997 Dienst auf dem Genfer Flughafen; sein M-Schild ist recht interessant. Es handelt sich um einen Neunsitzer-Samba mit Schiebedach (241). Als eines der ersten Exemplare des Modelljahres 1967 wurde das Fahrzeug im August 1966 unter Fahrgestellnummer 247 012 470 hergestellt. Die Farbe Signalorange ist original. Fast alle Originalteile waren vorhanden, so auch das orangefarbene Warnblinklicht, und der Tacho zeigte nur 16.000 Kilometer. Besonderheiten sind die Schiebetüren auf beiden Seiten (M 211), die Ausführung für die Schweiz (043), Durchstieg zum Fahrerraum (081), kürzere Getriebeübersetzung (092), Eberspächer-Heizung (119), Verbundglas-Seitenscheiben (144), Schiebetür für Samba (164) und Sperrdifferenzial (220). Das Fahrzeug wurde an Radio Schweiz ausgeliefert, dort mit Warnlicht, Antenne, Zusatzbatterie und Kurzwellenradio für den Flughafendienst Alpar AG ausgerüstet. Der Farbcode beginnt mit der Exportziffer 5. Interessant ist der angegebene Modellcode 2416. Der in Kapitel 12 vorgestellte rechtsgelenkte Kastenwagen mit zwei Ladetüren hat einen ähnlichen Code 2166, wobei 216 für den rechtsgelenkten Kastenwagen mit Ladetüren beiderseits steht.

Nach dem Verkauf ging der Bus nach England an Ben Lawrence. Antenne, Radio und Zusatzbatterie waren ausgebaut worden, die Zierringe gingen bei der Überführung „verloren", aber Lack und Innenausstattung waren nahezu perfekt. Mehrere Jahre blieb der Bus im Originalzustand, dann wurde er tiefergelegt, mit Chromstoßstangen, Stufe unter den Ladetüren und Ercos-Leichtmetallfelgen versehen. Solche Veränderungen gefallen nicht jedem, doch Lawrence behielt alle Originalteile, sodass die Rückrüstung möglich bleibt. Selbst vier Zierringe aus der Originalfertigung konnte er noch auftreiben. Regelmäßig kann der Wagen auf Oldtimertreffen bewundert werden, wenn Lawrence in seiner mobilen Disco alte Scheiben abspielt. So macht der alte Bus nicht nur seinem Besitzer, sondern auch den vielen Zuschauern Spaß!

3 Produktion

Von 1950 bis 1964 bestand die Fahrgestellnummer nur aus einer fortlaufenden Zählnummer, der bis 1955 die Zahl 20 vorangestellt war. Im September 1962 kam wegen Erreichens des millionsten Exemplars eine siebte Stelle zur Zählziffer hinzu. Ab August 1964 folgte ein neues System, nun begann die Nummer mit drei das Modell und Modelljahr angebenden Ziffern. Die Tabelle gibt die letzte im Monat hergestellte Fahrgestellnummer an; die Motornummer folgt ihrem eigenen Zählrhythmus.

Tabelle 1: Produktion nach Monaten

1950	Monat	Fahrgestell-Nr.	Motor-Nr.	Karosserie-Nr.
	08. März.	20 000 014	174 936	
	17. März	20 000 032	183 208	
	29. März	20 000 070	185 969	
	April	20 000 372		
	Mai	20 000 671		
	Juni	20 001 300		
	Juli	20 001 751		
	August	20 002 897		
	September	20 004 171		
	Oktober	20 005 622		
	November	20 007 037		
	Dezember	20 008 112		

1951	Monat	Fahrgestell-Nr.	Motor-Nr.	Karosserie-Nr.
	Januar	20 009 542		
	Februar	20 010 867		
	März	20 011 741		
	April	20 012 519		
	Mai	20 013 359		
	Juni	20 014 337		
	Juli	20 015 323		
	August	20 016 345		
	September	20 017 286		
	Oktober	20 018 355		
	November	20 019 312		
	Dezember	20 020 112		

1952	Monat	Fahrgestell-Nr.	Motor-Nr.	Karosserie-Nr.
	Januar	20 021 347		21 347
	Februar	20 022 408		22 438
	März	20 023 870		23 914
	April	20 025 719		25 783
	Mai	20 027 676		27 714
	Juni	20 029 572		29 615
	Juli	20 030 782		30 833
	August	20 032 823		32 866
	September	20 035 134		35 176
	Oktober	20 037 647	20 481 713	37 730
	November	20 039 772		39 788
	Dezember	20 041 857	20 518 653	41 884

1953	Monat	Fahrgestell-Nr.	Motor-Nr.	Karosserie-Nr.
	Januar	20 044 361		44 008
	Februar	20 046 563		46 611
	März	20 049 106	20 550 354	49 135
	April	20 051 360		51 417
	Mai	20 053 447		53 490
	Juni	20 056 087		56 091
	Juli	20 057 628		57 635
	August	20 059 939		59 968
	September	20 062 598		62 614
	Oktober	20 065 376		65 344
	November	20 067 819		67 780
	Dezember	20 070 431	20 695 354	70 318

1954	Monat	Fahrgestell-Nr.	Motor-Nr.	Karosserie-Nr.
	Januar	20 073 148	20 695 356	73 086
	Februar	20 076 265		76 173
	März	20 079 978		79 823
	April	20 083 238		83 021
	Mai	20 086 613		86 276
	Juni	20 090 054		89 501
	Juli	20 092 166		91 499
	August	20 095 476		94 553
	September	20 099 251		98 192
	Oktober	20 102 992		101 768
	November	20 106 736		105 367
	Dezember	20 110 603	20 945 526	109 013

1955	Monat	Fahrgestell-Nr.	Motor-Nr.	Karosserie-Nr.
	Januar	20 114 525		112 794
	Februar	20 118 226		116 300
	März	20 122 491	20 991 590	120 154
	April	20 126 350		123 355
	Mai	20 130 518		127 045
	Juni	20 135 093		131 024
	Juli	20 137 605	20 1120 614	133 080
	August	20 141 925		136 941
	September	20 146 689		141 185
	Oktober	20 151 365		145 487
	November	20 155 966		149 731
	Dezember	20 160 735	20 1277 347	153 846

1956	Monat	Fahrgestell-Nr.	Motor-Nr.	Karosserie-Nr.
	Januar	165 518		158 131
	Februar	170 083		162 179
	März	174 402		166 200
	April	178 687		170 030
	Mai	183 006		174 048
	Juni	188 568		178 696
	Juli	191 466		181 106
	August	197 451	1499 135	186 547
	September	203 492		191 715
	Oktober	210 631		197 904
	November	217 330		204 013
	Dezember	223 216	1678 210	209 593

1957	Monat	Fahrgestell-Nr.	Motor-Nr.	Karosserie-Nr.
	Januar	230 857		216 645
	Februar	237 755		223 029
	März	245 131		229 747
	April	252 041		236 316
	Mai	260 394		243 630
	Juni	267 548		249 973
	Juli	271 675		253 571
	August	280 675		261 491
	September	289 447		269 045
	Oktober	298 823		277 320
	November	307 428		284 479
	Dezember	315 209	2156 321	290 500

1958	Monat	Fahrgestell-Nr.	Motor-Nr.	Karosserie-Nr.
	Januar	324 344		298 546
	Februar	332 599		305 526
	März	341 227		314 630
	April	349 562		322 710
	Mai	357 978		329 495
	Juni	366 867		339 506
	Juli	371 275		344 368
	August	379 407		351 608
	September	388 976		360 380
	Oktober	398 980		362 463
	November	407 282		
	Dezember	416 082	2721 533	

1959	Monat	Fahrgestell-Nr.	Motor-Nr.	Karosserie-Nr.
	Januar	433 713		
	Februar	443 662		
	März	453 140		
	April	465 351		
	Mai	473 664		
	Juni	484 280	3400 000	
	Juli	490 622		
	August	500 151		
	September	511 539		
	Oktober	523 532		
	November	535 079		
	Dezember	546 843		

1960	Monat	Fahrgestell-Nr.	Motor-Nr.	Karosserie-Nr.
	Januar	566 342	3491 700	
	Februar	576 537	3502 659	
	März	591 665		
	April	601 918		
	Mai	615 192	5000 001	
	Juni	628 443	5009 585	
	Juli	632 584		
	August	646 458		
	September	660 619		
	Oktober	678 772		
	November	689 879		
	Dezember	710 069	5407 725	

1961	Monat	Fahrgestell-Nr.	Motor-Nr.	Karosserie-Nr.
	Januar	723 431		
	Februar	739 109		
	März	755 274		
	April	769 247		
	Mai	784 276	5776 100	
	Juni	802 130	5870 191	
	Juli	804 877		
	August	820 741	5979 934	
	September	835 178	6024 501	
	Oktober	850 333		
	November	871 303		
	Dezember	882 314	6375 945	

1962	Monat	Fahrgestell-Nr.	Motor-Nr.	Karosserie-Nr.
	Januar	896 977		
	Februar	910 310		
	März	925 355		
	April	939 155		
	Mai	954 230		
	Juni	969 408		
	Juli	978 018	6908 640	
	August	989 985	6914 251	
	September	1004 496		
	Oktober	1021 182		
	November	1036 923		
	Dezember	1047 967	7336 420	

1963	Monat	Fahrgestell-Nr.	1200er	1500er
	Januar	1062 951		143 543
	Februar	1077 443		
	März	1093 657		
	April	1109 397		
	Mai	1125 405		
	Juni	1139 905		
	Juli	1144 302		
	August	1161 763		
	September	1177 674		
	Oktober	1194 634		
	November	1210 790		
	Dezember	1222 500	8264 628	

1964	Monat	Fahrgestell-Nr.	1200er	1500er
	Januar	1241 702		
	Februar	1259 996		
	März	1276 060		
	April	1294 464		
	Mai	1309 452		
	Juni	1326 422		
	Juli	1328 871		
	August	215 019 888	8785 398	
	September	215 036 650	8964 971	713 768
	Oktober	215 053 460		
	November	215 068 246		
	Dezember	215 082 480		816 281

1965	Monat	Fahrgestell-Nr.	1200er	1500er
	Januar	215 098 657		
	Februar	215 114 123		
	März	215 131 697		
	April	215 146 424		
	Mai	215 161 145		
	Juni	215 175 741		
	Juli	215 176 339		
	August	216 020 494		HO 023 158
	September	216 036 844		HO 040 045
	Oktober	216 052 244		HO 056 071
	November	216 067 992		HO 071 688
	Dezember	216 083 207		HO 086 211

1966	Monat	Fahrgestell-Nr.	1200er	1500er
	Januar	216 098 498		HO 098 498
	Februar	216 113 500		HO 117 117
	März	216 130 951		HO 134 586
	April	216 145 999		HO 150 202
	Mai	216 162 519		HO 166 392
	Juni	216 178 999		HO 183 233
	Juli	216 179 668		HO 193 372
	August	217 020 467		HO 272 902
	September	217 036 497		HO 194 066
	Oktober	217 051 659		HO 283 924
	November	217 066 356		HO 297 513
	Dezember	217 079 889		HO 309 830

1967	Monat	Fahrgestell-Nr.	1200er	1500er
	Januar	217 091 416		HO 707 628
	Februar	217 102 476		HO 718 925
	März	217 110 815		HO 727 703
	April	217 120 469		HO 736 607
	Mai	217 133 866		HO 749 267
	Juni	217 145 796		HO 758 952
	Juli	217 148 459		HO 761 325

Tabelle 2: Produktionszahlen

Jahr	Gesamt-Produktion		Kastenwagen	Pritschenwagen	Kombi	Kleinbus	Sonstige
	Deutschland	Weltweit	%	%	%	%	%
1949	8	8	75,0	0	12,5	12,5	0
1950	8.059	8.059	70,3	0	15,6	14,1	0
1951	12.003	12.003	50,4	0	23,7	25,6	0,3
1952	21.665	21.665	43,2	7,3	23,3	24,0	2,2
1953	28.417	28.417	39,4	20,2	20,3	18,9	1,2
1954	40.199	40.199	36,2	21,3	21,6	19,0	1,9
1955	49.907	49.907	35,2	20,3	22,8	19,9	1,8
1956	62.500	62.500	36,3	18,3	25,6	18,9	0,9
1957	91.993	91.993	33,3	17,9	25,5	22,6	0,7
1958	101.873	105.562	36,0	18,8	21,4	23,3	0,5
1959	121.453	129.836	34,1	20,1	21,1	24,1	0,6
1960	139.919	151.218	34,0	22,1	21,7	21,7	0,5
1961	152.285	168.600	29,6	24,2	23,6	22,0	0,6
1962	165.774	180.337	28,5	23,0	23,2	24,9	0,4
1963	174.866	189.294	27,4	22,6	23,4	26,2	0,4
1964	187.947	200.325	25,8	21,2	23,7	28,8	0,5
1965	176.762	189.876	24,7	21,2	25,1	28,5	0,5
1966	176.275	191.373	24,4	20,8	26,3	28,0	0,5
1967	141.569	162.741	27,8	20,7	29,1	22,0	0,4

Tabelle 3: Produktionszahlen des ersten Baujahres ab 8. März 1950

	Kastenwagen		Kleinbus		Kombi		Summe
	Blau	Grundiert	Grau	Grundiert	Blau	Grundiert	
Inland	**2356**	**1989**	**789**	**145**	**919**	**264**	**6462**
Export	**845**	**461**	**142**	**62**	**49**	**20**	**1579**

Tabelle 4: Meilensteine der Produktion

9. Oktober 1954	100.000. Exemplar fertiggestellt
4. März 1955	Letztes Fahrzeug mit großer Motorhaube (20 117 901)
13. September 1956	200.000. Exemplar fertiggestellt
25. August 1959	500.000. Exemplar fertiggestellt
20. September 1962	Millionstes Exemplar fertiggestellt
Juli 1963	Letztes Fahrzeug mit kleiner Heckscheibe (1144 281)
Juli 1967	Letzter T1 fertiggestellt (217 148 459)

Der erste Bulli, ein Pritschenwagen, läuft am 9. März 1950 in Hannover vom Band

Tabelle 5: Daten der Modelleinführung

16. Mai 1950	Kombi
22. Mai 1950	Kleinbus
1. Juni 1951	Samba-Bus und Kleinbus mit Schiebedach
13. Dezember 1951	Krankenwagen
25. August 1952	Pritschenwagen Einzelkabine
3. November 1958	Pritschenwagen Doppelkabine
September 1961	Hochdach

Der 100.000. Bulli

Der millionste Bulli bei der Feier …

… und auf dem Weg zur Auslieferung

Kleinbus von 1951

Einer der ältesten und seltensten VW-Kleinbusse der Welt ist dieses Exemplar von 1951, es trägt das passende Kennzeichen AB-VW 51.

Dieses Fahrzeug wurde im Mai 1951 zugelassen, wurde jedoch als Fahrgestellnummer 20 009 301 bereits am 31. Januar 1951 fertiggestellt, hat also die vorn angeschlagenen Ausstellfenster und das Bugzeichen aus Aluminiumguss. Ebenso wie der frühe Prototyp ist es hellbeige und braunbeige lackiert. Besonders selten ist seine Mehrausstattung M053 – ein Heckfenster, das erst ab April 1951 serienmäßig eingebaut wurde. Die Fotos zeigen einige Besonderheiten des sehr frühen Modells, besonders den runden Wischerarm (nur bis 1951), den großen Bakelit-Anlasserknopf und die Sicherungskastenhalterung mit Metallschraube (vor 1952), die Position von Choke-Zughebel und Heizungshebelei auf einer flachen Unterlage (vor 1951), die gerippte Bodenmatte (vor 1952) und den Dreiviertel-Dachhimmel (vor 1951). Das Dreispeichenlenkrad hat einen flachen Hupknopf und das Reserverad einen Lederriemen (vor 1952). Im Innenraum fallen die Schiebetür zur Ablage über dem Motor, die 2:1-Mittelbank mit Griff auf der Rück- statt der Oberseite des Sitzes, der einteilige Dachhimmel und die Fußmatten mit Rautenmuster auf. Die ausstellbaren Frontscheiben haben die bis 1952 verwendeten Halterungen und die Scheiben sind kleiner, ohne Dichtung außen herum.

Von 1951 bis 1994 gehörte der Bus der Familie Huther. Josef Huther erkannte als erstes Familienmitglied den Nutzen des Fahrzeugs als Campingwagen und nutze ihn entsprechend mit der Familie in den österreichischen Alpen. Im Lauf der Jahre baute er interessante Verbesserungen ein, beispielsweise eine Verlängerung der Armaturentafel, eine Rückholung des Chokehebels, eine Schalthebelsperre, einen Beifahrer-Außenspiegel und eine Ablage unter dem Lenkrad. Den neuesten deutschen Sicherheitsvorschriften folgend wurden die Rückleuchten und Blinker der letzten Modelle nachgerüstet. Die Familie betrieb eine Tankstelle und vertrat die Marke Glas (1967 von BMW übernommen), deshalb findet sich in diesem Bulli eine Borduhr aus einem Glas.

1964 baute Herr Huther anstelle des 25-PS-Motors einen mit 30 Pferde-

stärken ein, der aus dem ebenfalls der Familie gehörenden Käfer-Cabrio von 1964 stammte. Man benötigte einfach mehr Power für die alpinen Bergaufstrecken.

1994 ging das Fahrzeug an Peter Valentin und war fortan immer wieder bei Treffen der BulliKartei und anderen VW-Oldtimer-Treffen zu sehen. Der Bus gehört nun dem Amerikaner Drew Ogden, der ihn mit glatten Winkern, flachem Rücklichtglas und separaten roten Reflektoren auf Originalzustand zurückrüstete. Bei der Restaurierung entdeckte er, dass die Felgen ursprünglich zweifarbig lackiert waren und dass Reserveradauflage und der Benzintank in der unteren Karosseriefarbe lackiert waren.

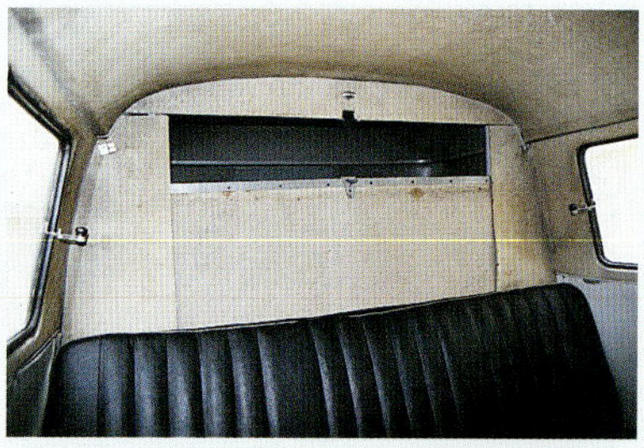

4 Modellpflege
von Monat zu Monat

Die folgende Übersicht fasst die wichtigsten Änderungen an Ausführung und Ausstattung zusammen. Bis 1956 konzentrierten sich diese auf den März, aber zwischendurch gab es auch manche Änderung. Ab 1957 fanden größere Änderungen jeweils nach den Werksferien im August statt; man sprach nun vom neuen Modelljahr.

Daher fallen Modelljahr und Herstellungsjahr nicht zwingend zusammen. Das Fahrzeug des Autors beispielsweise wird oft als Devon Camper von 1967 bezeichnet, wurde aber bereits im Dezember 1966 gebaut. Wegen der Übersichtlichkeit sind die Änderungen chronologisch aufgeführt; große Modellpflege und Modelljahreswechsel sind jeweils klar angegeben.

Manche Änderung betraf nur bestimmte Modellvarianten, und bei Exportfahrzeugen für die USA kann die Änderung zu einem anderen Zeitpunkt eingetreten sein. Zum Beispiel gab es dort Blinker schon ab 1955, während in Europa noch bis 1960 Fahrzeuge mit Winkern ausgeliefert wurden.

VW Emblem

1950: VW-Zeichen am Heck

Motorraum

1950: Stehendes Reserverad

1951: Liegendes Reserverad

1955-63: Ölbadluftfilter links

1963-67: Ölbadluftfilter rechts, Drehzahlbegrenzer

Modellpflege Monat für Monat

1950	Fahrgestell-Nr.	
8.3.1950	20 000 014	Die Produktion des Transporters beginnt im Werk Wolfsburg
15.4.1950	20 000 230	Kleinbus-Prototyp für Kundenerprobung ausgeliefert
19.5.1950	20 000 265	Vorspur an Spurstange auf 2-3 statt 2-5 mm eingestellt
16.5.1950	20 000 517	Produktionsbeginn für den Kombi Typ 23A
22.5.1950	20 000 478	Produktionsbeginn für den Kleinbus Typ 22A
22.5.1950	20 000 627	Halterung für das Führungsrohr des Kupplungsseilzugs in Radkasten verlegt
3.6.1950	20 000 713	Gewindestift jetzt an Ausstellfenstern
5.6.1950	20 000 723	Schalthebel mit breiterem Kragen
6.6.1950	20 000 672	Zweiter Auslass für Warmluft in Kabine eingeführt
7.6.1950	20 000 770	Schmiernippel an Zugstrebe jetzt von oben zugänglich
12.6.1950	20 000 838	Kupplungsseilzug in Seitenträger verlegt
16.6.1950	20 000 795	Trennung zwischen Fahrer- und Laderaum eingeführt
25.6.1950	20 000 962	Zusätzliche Gummimatte an Seitenverkleidung neben Anschlag Laderaumtür
28.6.1950	20 001 033	Rechtes Türschloss jetzt mit Sicherheitseinrichtung
13.7.1950	20 001 146	Auflage für Hinterradfedern um 3 mm gekürzt
5.8.1950	20 001 461	Auf Zug und Druck wirksame Stoßdämpfer eingeführt
5.8.1950	20 002 730	Verstärkung auf Motorabdeckung für die Batterie
11.9.1950	20 002 818	Kastenwagen mit drei zusätzlichen Luftschlitzen oben in der hinteren Seitenverkleidung
9.10.1950	20 004 090	Heizung für den Kleinbus jetzt im Laderaum
31.10.1950	20 005 001	Reserverad liegend statt stehend montiert, Typschild verlegt
31.10.1950	20 005 050	Regenleiste jetzt umlaufend mit vier Abläufen
1.11.1950	20 005 198	Linker Heizungsseilzug 10 mm kürzer
11.11.1950	20 005 534	VW-Zeichen am Heck entfällt
6.12.1950	20 007 270	Heckklappe jetzt mit einstellbarer Halterung
21.12.1950	20 007 999	Zusätzliche Abläufe an Karosserie und Scheiben mit Ölpapier für aus den Türen ablaufendes Wasser

1951	Fahrgestell-Nr.	
3.1.1951	20 007 729	Größerer Deckel für Flüssigkeitsbehälter
5.1.1951	20 008 308	Einstellung Drehstabfedern 4-5 statt 5-6
16.1.1951	20 008 280	Trennwand und Trageschienen entfallen bei Typ 23A
11.1.1951	20 008 544	Innenverkleidungen mit Mittel gegen Kondensation besprüht
19.1.1951	20 009 065	Kurbelgehäuse nun aus Elektron statt eingeschmolzenem Aluguss
8.2.1951	20 009 900	Türscharniere mit zwei Wulsten verstärkt
9.2.1951	20 009 940	Gaszug jetzt mit Führungsrohr für Feder, Führungsmanschette für diese Feder am Chokezug
20.2.1951	20 010 422	Seitenverkleidung jetzt einteilig, nicht mehr geteilt
22.2.1951	20 010 581	Vordere Seiten- und Endstücke unter Bodenblech angehoben
15.3.1951	20 011 368	Kupplungsseilzug durch Querträger statt Seitenteil geführt
15.3.1951	20 011 573	Lenksäule nun auf Zentrierung und spannungsfreien Einbau geprüft
10.4.1951	20 011 863	VW-Emblem am Bug jetzt aus Blech statt Aluguss
18.4.1951	20 012 232	Lichtmaschine nun ROT 130/6 AL 16 (vorher AL 15)
20.4.1951	20 012 343	Trennwand und Heck nun mit Scheibe (Typ 21A), vordere Trennwand nun mit Fenster (Typ 21)

26.4.1951	20 012 348	Seitenverkleidungen mit Armlehnen, durchgehender Dachhimmel, neuer Aschenbecher
27.4.1951	20 012 474	Sitzbank bei Typen 22 und 23 nicht mehr geteilt
7.5.1951	20 012 511	Untere Achsschenkelbolzen mit Schmiernippel und Buchsen mit Schmierrillen
17.5.1951	20 012 761	Zwei Fünfblatt-Drehstabfedern für Typ 23
18.5.1950	20 012 853	Bremslichtschalter durch Falz stabiler, bessere Dichtung
29.5.1951	20 013 282	Typen 23 und 24 mit neuem Windabweiser an Ausstellfenstern, bessere Dichtung
1.6.1951	20 013 908	Produktionsbeginn für Samba-Bus und Kleinbus mit Faltschiebedach
11.6.1951	20 013 673	Laderaumtürschlösser auf beiden Seiten gleich
22.6.1951	20 014 685	Dreh- statt Zugknauf für Heizung, Heizungskabel jetzt durch Sitzkasten verlaufend
27.6.1951	20 014 377	Kastenwagen mit Ladetüren beidseits erhältlich, Versteifungsplatten unter Wagenboden bei Modellen mit beidseitigen Türen und Schiebedach
3.8.1951	20 015 400	Lüftungsschlitze auf 350 mm verlängert
13.8.1951	20 015 780	Innenverkleidung Typen 21 und 23 aus genarbtem, grauem Karton
24.8.1951	20 015 936	Wagenheberaufnahmen vom Wagenboden auf Querträger verlegt
28.8.1951	20 015 938	Fassung Wagenheber verstärkt, jetzt am Querträger
12.9.1951	20 016 680	Türfensterrahmen mit Stopfen an Scharnierseite
24.9.1951	20 017 045	Radbolzen entfallen aus Bordwerkzeug
8.10.1951	20 017 540	Halterung Hupe verstärkt
26.11.1951	20 019 034	Auslassventilsitze jetzt Aus V2A-Stahl
13.12.1951	20 019 498	Beginn der Werksfertigung von Krankenwagen (vorher bei Miesen)
18.12.1951	20 020 243	Inspektionsvermerk über Schmierung des vorderen Radlagers innen auf der Bremstrommel

1952	Fahrgestell-Nr.	
22.1.1952	20 020 804	Einfachere Thermostathalterung
22.1.1952	20 020 829	Schmierpresse entfällt aus Werkzeug
31.1.1952	20 021 216	Sperrmanschette für Lenkradschloss nicht mehr serienmäßig
6.2.1952	20 021 329	Eine statt zwei Rückholfedern in jeder Bremstrommel
7.2.1952	20 021 506	Seitenführung an oberem Lufteinlass entfällt
8.2.1952	20 021 511	Reserverad mit Textil- statt Lederriemen
11.2.1952	20 021 555	Kabelbaum von Dachrahmen in Seitenbauteil verlegt
12.2.1952	20 021 619	Lenksäule und -stange jetzt aus einem Stück, vorher geschweißt
20.2.1952	20 021 890	Klemme für Parklicht nun 58 statt 57
3.3.1952	20 022 301	Schiebetür zwischen Lade- und Gepäckraum bei Typen 21 und 23 entfällt
6.3.1952	20 022 434	Abdeckung zwischen Heißluftkanälen entfällt
7.3.1952	20 022 500	Gummidichtung um Fuß-Abblendschalter ergänzt
17.3.1952	20 022 910	Bremsflüssigkeitsbehälter ohne Schwimmer
18.3.1952	20 023 100	Federplatten verstärkt
27.3.1952	20 023 584	Röhre zwischen Auspuffrohr und Schalldämpfer entfällt
31.3.1952	20 023 750	Zweiter Reflektor am Heck ergänzt
21.4.1952	20 024 616	Vierter Aschenbecher in Typen 22 und 24 ergänzt
3.5.1952	20 027 589	Batterieabdeckung jetzt Karton mit Haltezungen, vorher vernietet
13.5.1952	20 026 314	Schwungradabmessungen geändert
13.5.1952	20 026 364	Getriebe-Inspektionsklappe im Kofferraum entfällt

Heckschriftzug

1962-63: Mitten unter der Heckklappe

1963-67: Seitlich an der Heckklappe

Heckklappenscharnier

1955–1963

1963–1967

Tankklappe

1950-52: Großer Tankstutzen

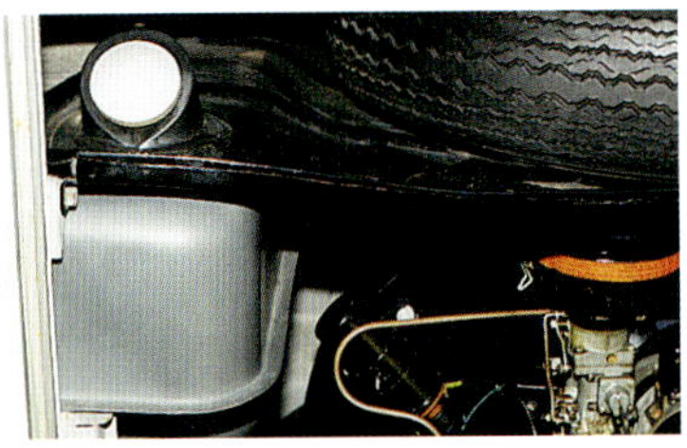

1952-55: Kleinerer Stutzen

1955-62: Einfaches Schloss für Vierkant

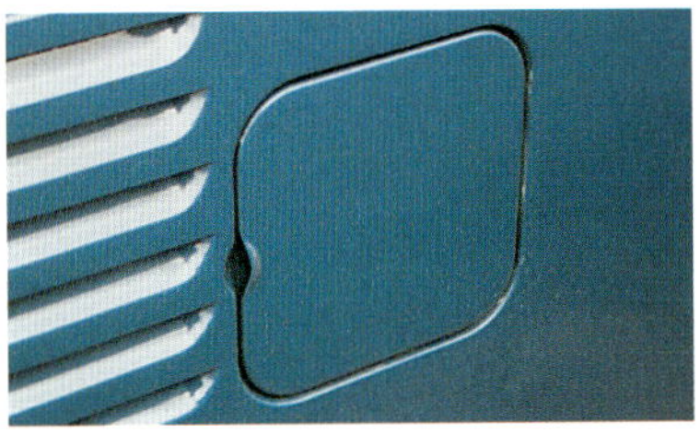

1966-67: Fingerzug

21.5.1952	20 026 858	Verstärkte Lenkungsdämpferfeder
27.5.1952	20 027 226	Fahrgestellnummer rechts auf Schürze der Motorhalterung, Karosserienummer jetzt vorn in die Innenraumtrennwand geprägt
29.5.1952	20 027 414	Verzicht auf zweite Ventilfedern
7.6.1952	20 027 952	Peilstabrohr weiter nach oben geführt
9.6.1952	20 030 474	Anlasserkabel kürzer, nur noch eine Halteklammer statt vier
21.6.1952	20 028 583	Einstellschraube an Kupplungs-Ausrückhebel jetzt mit Vertiefung und abgekantet
1.7.1952	20 029 529	Gebläsekeilriemen jetzt aus Optiflex
4.7.1952	20 029 718	Achsschenkelnummer versetzt
11.7.1952	20 030 222	Stehender statt hängender Innenspiegel, mit Feder zwischen Aufhängung und Spiegel, auf Wunsch Beifahrer-Außenspiegel
4.8.1952	20 030 868	Tankstutzen jetzt 80 statt 120 mm Durchmesser
20.8.1952	20 032 051	Nach und nach Umstellung auf obenliegenden Ölbadluftfilter
25.8.1952	20 030 590	Produktionsbeginn Pritschenwagen
1.9.1952	20 032 790	Wischerarme nicht mehr lackiert, sondern verchromt
6.9.1952	20 033 236	Kabelschuhe im Hauptkabelbaum jetzt nach VW-Norm
18.9.1952	20 034 096	Terostat-Streifen statt Dichtmasse zwischen Pritschenladefläche und Holzplanken
23.9.1952	20 034 214	Ölbadluftfilter serienmäßig für Krankenwagen
1.10.1952	20 035 112	Zweite versteifende Rippe unten an Schalthebel
8.10.1952	20 035 603	Armlehnen jetzt in geschlossener Ausführung
15.10.1952	20 036 172	Ersatz-Gebläsekeilriemen in Werkzeugrolle ergänzt
20.10.1952	12 200 001	Beginn der Industriemotorenfertigung bei VW
13.11.1952	20 038 475	Gaspedal schmaler, Gaszug mit Lippe hinten über dem Rohr und Schlaufe statt Haken vorn
13.11.1952	20 038 566	Gummidichtung an Verteilerwelle
1.12.1952	20 039 731	Pritschenwagen-Heckscheibe nun aus Sicherheitsglas statt dickem Fensterglas
14.12.1952		Rahmennummern beginnen nun mit KD statt KT
23.12.1952	20 041 431	Zugstreben mit Gummikappen an den Kugelgelenken (Typen 22 und 24)
30.12.1952	20 041 546	Ölbadluftfilter jetzt für alle Modelle, mit Haltegurt
30.12.1952	20 041 596	Hupknopf stärker gewölbt

1953	Fahrgestell-Nr.	
2.1.1953	20 041 712	Große Modellpflege: Abblendschalter leichtgängiger (5 kg statt 8 kg), Glas vor Kennzeichenleuchte von außen nach innen verlegt, Anlasserknopf verchromt statt Kunststoff, Hupe mit Winkelhalterung, Ausstellfenster zentral schwenkbar statt vorn aufgehängt, Außenspiegel weiter heruntergebogen, drehbarer statt Zug-Heizungsknopf, Bodenmatten mit Dichtstücken unter den Pedalen, Gaspedal schmaler mit Gummi-Fußablage, Handbremshebel länger, Ummantelung für Kupplungsseilzug, Chokezug mit Schutzschlauch, Vergaser 20 PCI statt 26 VFIS, neuer Ölbadluftfilter für einige Modelle, Lenkschnecke nun einteilig, im Kleinbus Armlehnen ohne Griffmulde.
21.1.1953	20 043 322	Ventilspiel 0,10 statt 0,15 mm
12.2.1953	20 045 109	Hupe vom Seitenblech auf Längsträger verlegt
5.3.1953	20 046 799	Verstärkte Naben für vordere Bremstrommeln
7.3.1953	20 047 002	Tankstutzen weiter auf 60 mm verengt

10.3.1953	20 047 102	Große Modellpflege: Samba mit Heckstoßstange, Behr-Lufthutze als Zubehör erhältlich, glatte statt gerippte Winker, erhabene statt flache Rückleuchten
10.3.1953	20 047 017	Tankstutzen auf rechte Tankseite verlegt
10.3.1953	20 047 102	2. bis 4. Gang synchronisiert, hydraulischer Teleskop-Lenkungsdämpfer als Zubehör erhältlich
10.3.1953	20 047 157	Geänderte Kupplung mit besserer Zentrierung
19.3.1953	20 047 777	Bremsleitungen mit Unterboden-Platten neu verlegt
15.4.1953	20 049 640	Deutsche Ambulanzen mit Rot-Kreuz-Liege anstelle der von VW
6.5.1953	20 051 173	Krankenwagen mit 10 mm weiter unten befindlicher Tankklappe und einteiligem Tankstutzen
6.6.1953	20 053 960	Modifizierter Abgaskrümmer mit besserer Dichtung für Pritschenwagen
27.6.1953	20 055 710	Anlasserkabel von 860 auf 780 mm verkürzt
30.6.1953	20 055 958	Gaszug-Rückholfeder mit verändertem Druck
1.7.1953	20 056 000	Bessere Grundierung
1.7.1953	20 056 049	Gabeln 3. und 4. Gang mit durchgehenden Gleitflächen und verstärkter Rippe
12.8.1953	20 058 139	Gabeln 1. und 2. Gang mit durchgehenden Gleitflächen und verstärkter Rippe
26.8.1953	20 059 347	Unterseite Heizungsknopf abgeflacht
1.9.1953	20 059 112	Rot-Kreuz-Liege für alle Krankenwagen
7.9.1953	20 060 324	Kastenwagen Typ 21D jetzt mit Sperrholz-Dachhimmel
15.9.1953	20 061 147	Aufkleber Windschutzscheibe max. 80 km/h (Deutschland)
17.9.1953	20 061 290	Aufkleber Windschutzscheibe max. 80 km/h (Export)
3.10.1953	20 062 779	Bodenbelag Gepäckraum mit drei statt einer Halteschiene
4.11.1953	20 065 521	Heizungsknopf beim Kleinbus ohne Beschriftung
11.11.1953	20 066 116	Pritschenwagen mit versteifendem Profil an Seiten und Heckwänden
14.11.1953	20 066 434	Verstärkungsblech auf vorderem Längsträger
4.12.1953	20 068 536	Heizungsknopf bei allen Modellen ohne Beschriftung
21.12.1953	20 069 409	Große Modellpflege: Motor jetzt 1192 ccm und 30 PS statt 1131 ccm und 25 PS, Ölbadluftfilter serienmäßig, Lichtmaschine 160 statt 130 W, Batteriehalterung mit Federklammer statt einfacher Klammer, gleicher Schlüssel für Tür und Zündschloss, Instrumentenbeleuchtung einstellbar, Innenbeleuchtung mit Türkontaktschalter, neu gestalteter Tacho bis 100 statt 80 km/h, Profil der Wischergummis geändert, Wischerarme lackiert statt verchromt, schmaler Gebläsekeilriemen aus Synthesefaser statt Gummi, entfällt aus Werkzeugrolle, Zünd-Anlassschalter kombiniert, Heckstoßstange für Kastenwagen, Kombi und Kleinbus. Bremsschuh-Rückholfedern geneigt eingebaut, bisher horizontal
23.12.1953	20 069 409	3. Gang mit 27:22 Zähnen
23.12.1953	20 069 508	Bremsschuhe sandgestrahlt, mit verbesserten Belägen

1954	Fahrgestell-Nr.	
19.1.1954	20 059 112	Behr-Lufthutze bei Krankenwagen serienmäßig
2.2.1954	20 073 227	Einstellbare Schaltgabel für Rückwärtsgang
9.2.1954	20 073 860	Ölkühler jetzt mit Monat-/Jahr-Markierung am Boden

Vordertürgriffe

1950-55: Zug-Türgriff mit kleiner Mulde (links)

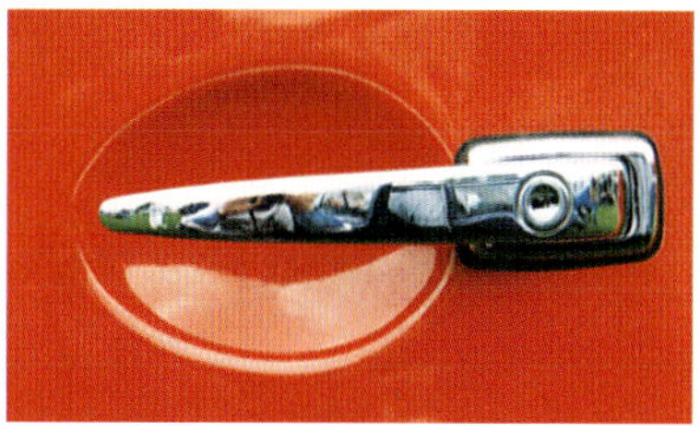

1955-58: Zug-Türgriff mit großer Mulde (links)

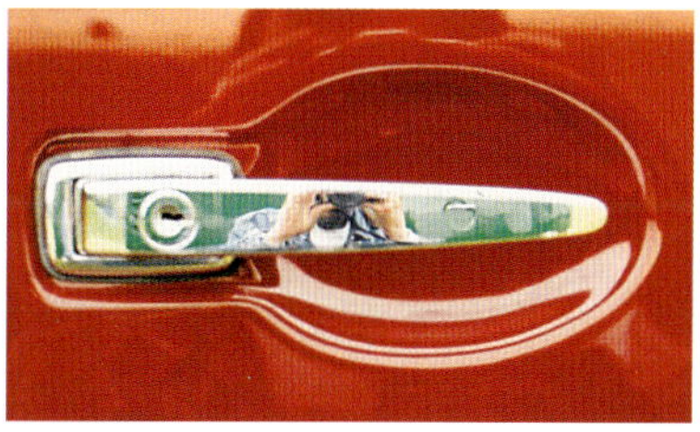

1958-63: Zug-Türgriff, vertieft eingebaut (rechts)

1963-67: Druckknopf (rechts)

Fahrzeugbug

bis 1955

ab 1955

1.4.1954	20 079 654	Heckstoßstange für Pritschenwagen, Tankanzeige bei Krankenwagen serienmäßig
5.5.1954	20 083 328	Bremszylinder mit zwei statt vier Haltebolzen
6.5.1954	20 083 499	Handbremshebel mit Gummiunterlage unter Betätigungsknopf
15.5.1954	20 082 000	Vordere Sitzpolster mit strafferen Federn
9.6.1954	20 086 419	Querrohr unter Motor mit U-förmiger Versteifung
25.6.1954	20 089 330	Schwungraddichtung aus Papier statt Aluminium
5.8.1954	20 092 036	Synchronisierung 2. Gang verbessert
17.8.1954	20 093 601	Ersatzkeilriemen entfällt aus Werkzeugrolle
31.8.1954	20 095 422	Flacher Kolbenboden statt Trog, Verdichtung 6,6 statt 6,1:1, 28PCI-Vergaser jetzt mit Nylonschwimmer (gelber Punkt)
1.9.1954	20 099 235	Kleine Riemenscheibe jetzt 20 statt 10,5 mm
1.10.1954	20 099 252	Tauchbad-Grundierung (bisher Sprühverfahren)
14.10.1954	20 100 902	Typ 211 Typschild ohne Baujahrsangabe
14.10.1954	20 100 924	Typ 241 Typschild ohne Baujahrsangabe
25.10.1954	20 102 449	Typ 221 Typschild ohne Baujahrsangabe
26.10.1954	20 102 449	Typ 231 Typschild ohne Baujahrsangabe
6.11.1954	20 103 306	Typ 261 Typschild ohne Baujahrsangabe
29.11.1954	20 106 223	Ölbadluftfilter und einteiliger Luftansaugbogen für Pritschenwagen

1955	**Fahrgestell-Nr.**	
3.1.1955	20 110 285	Typ 271 Typschild ohne Baujahrsangabe
4.1.1955	20 110 944	Ansaugbrücke mit speziellem Lack versehen
2.2.1955	20 114 690	Lichtmaschine, Anlasser, Zündspule und Verteiler als Original VW-Teile erhältlich
15.2.1955	20 117 922	Vergaserschwimmer Nylon mit 5,7 Gramm
18.2.1955	20 116 472	Samba-Eckfenster hinten aus Sicherheits- statt Plexiglas
1.3.1955	20 117 902	Große Modellpflege: Vorderer Dachüberhang mit Frischlufteinlass, Kabinenboden vorn geneigt, Reserverad in Kabine verlegt, Heckklappe nun 900 statt 725 mm und mit T-Griff, schmalere Motorhaube mit Vierkant-Schloss, Laderaum 4,8 statt 4,6 Kubikmeter, Seitenwände mit höheren langen Abschnitten, Türen innen versteift, Fußaussparung für Beifahrer, Windschutzscheibe 15 mm höher, Sonnenblenden für alle Modelle, Schiebefenster mit zwei statt nur einem Loch für den Riegel, Außenspiegel jetzt an Türscharnier angebaut, Armaturentafel über ganze Wagenbreite, mit Aschenbecher und Radioschacht, überarbeitete Instrumente, größerer Tacho mit regelbarer Beleuchtung, Rändelrad für Ladebereich links vom Tacho, Blinkerschalter nun links, Sitzbank höher und weicher, in Kabine Faserplatten-Dachhimmel, Gas- und Kupplungspedal modifiziert, neun statt acht Entlüftungsschlitze, aber 40 mm kürzer, Tank bei Typ 21-4 jetzt über der Hinterachse statt über dem Motor, Tankstutzen jetzt außen und nur 60 mm Durchmesser, Reservehahn vom Motor- in den Innenraum verlegt und mit Korkdichtung statt Thiokol, Blinkerschalter von Armaturentafel an Lenksäule verlegt, Räder 6.40x15 statt 5.50x16, neues zweispeichiges Lenkrad, flachrunde Rückleuchten mit integriertem Rückstrahler und Chromring, Ladetürgriff mit integriertem

Laderaumtürgriffe

1950-55: Keine Mulde, separates Schloss

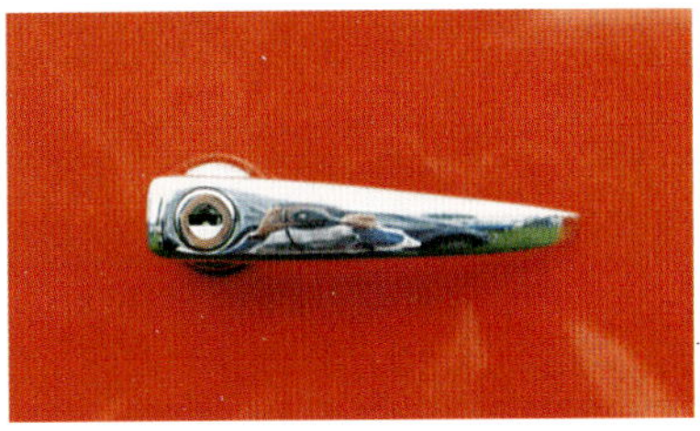

1955-58: Keine Mulde, Schloss integriert

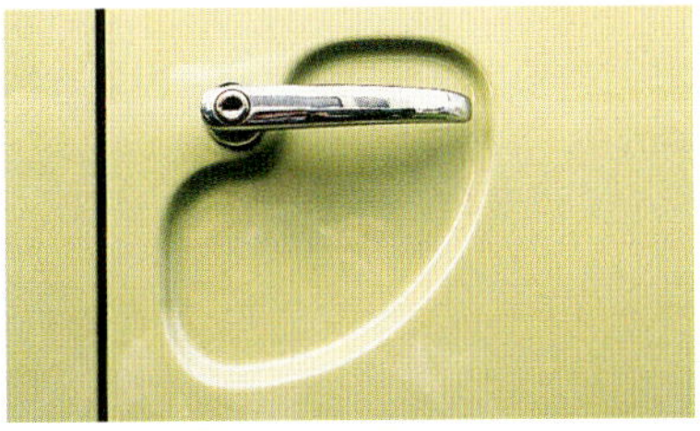

1958-63: Mulde, Schloss integriert

1963-67: Breiterer Griff

Fahrzeugheck

Bis 1955

Nach 1955

		Schloss, Zünd-Anlass-Schalter, Batterie 77 statt 84 Ah, Befestigung mittels Schnellverschluss-Riemen, Vertiefung unter Wischerböcken, stärkerer Wischermotor, Gelenk Schaltgestänge von unten her montiert, modifizierte vordere Längsträger, vordere Bremsschläuche mit Halteklammer, bessere Bremsen mit dickeren Belägen (5 statt 4 mm) und je zwei Radbremszylindern, Haupt- und Radbremszylinder größer, Handbremszug mit Rückholfeder montiert, Bremspedal mit Gummikappe, Ölbadluftfilter geänderter Optik seitlich oben, SAE 10-Öl ganzjährig einsetzbar (bisher SAE 20 im Sommer), Neunfedern-Torsionsstäbe, Lenkungsdämpfer serienmäßig, Teleskop- statt Hebel-Stoßdämpfer, Welle im Differenzial jetzt 80 statt 48 mm, Gelenk Schaltgestänge um 180 Grad verdreht eingebaut, Laderaumboden am Boden befestigt
1.4.1955	20 122 492	Blinker, vorn spitz – statt Winkern für USA, Kanada und Guam
5.4.1955	20 122 702	Gitter am Lufteinlass bei einigen Fahrzeugen 2 statt bisher 4,5 mm
2.5.1955	20 133 259	Schlossnummer an Haltezunge des Zündschalters, Rahmennummer nicht mehr eingeprägt
26.5.1955	20 134 606	Längerer Kupplungs-Seilzug
15.7.1955	20 137 738	Große Modellpflege: Zylinderköpfe mit Sechskantmuttern statt Inbus, verbesserter Einkammer-Auspuff mit zwei Verbindungsröhren zum Vorheizrohr, Schraubenschlüssel für Zündkerzen und Lichtmaschinenschwungrad im Bordwerkzeug
11.8.1955	20 138 990	Hartgelöteter Deckel an Ölpeilstab
1.10.1955	20 146 690	Stoßdämpfer F&S 526x130 statt TDZ 26x130
10.10.1955	20 147 824	2-mm-Lufteinlassgitter jetzt serienmäßig
30.10.1955	20 156 184	Kleinerer Lufteinlass und veränderter Dachrahmen für Ventilator

1956	Fahrgestell-Nr.	
Februar		Produktionsbeginn Siebensitzer-Bus
19.2.1956	169 193	Änderung der hinteren Bremsleitungen mit zusätzlicher Halterung
8.3.1956	171 056	Produktionsbeginn im Werk Hannover, Bulli-Produktion in Wolfsburg läuft einige Wochen parallel
19.3.1956	169 193	U-förmige Stützarme und Querträger für Getriebe
20.4.1956	177 495	Ladetürhaut mit verstärkendem Winkel
30.6.1956	188 651	Stoßdämpfer jetzt Boge TP27x162, Markierungen auf Typschild geändert
13.8.1956	193 300	Gezackte Unterlegscheiben unter Stoßdämpferschrauben, VW-Zeichen auf Radkappen nur noch schwarz lackiert
5.9.1956	194 839	Verbesserte Zündspule TE6B1 statt TE6A3
12.9.1956	199 370	Tankklappe jetzt mit zwei Gummipuffern statt Gummidichtung; dafür Löcher in der Karosserie ab 205 501
26.9.1956	203 163	Ölbad-Filter mit Knebel statt Flügelmutter
4.10.1956	204 799	Getriebeöl SAE 80 statt SAE 90 (bis März 1957)
8.10.1956	205 400	Mehr Platz um Bremshebel
9.10.1956	205 985	Einzelne Fahrzeuge mit schlauchlosen Reifen
12.10.1956	206 500	Geänderte Zündkerzen für besseren Kaltstart
20.10.1956	208 029	Zweiter Außenspiegel serienmäßig
7.12.1956	218 898	Versteifung für Seitenbleche unter Gürtellinie und Dachsäule hinter den Ladetüren

Kofferraumhauben-Griff

1955-61: T-Griff

1961-63: Dünnerer Griff, Mulde nur bis 1962

1963-66: Druckknopf, Mulde unter Klappe

1966-67: Druckknopf mit Fingergriff

Pritschenwagen-Seitenwände

1950-53: Glatte Form

1953-67: Geprägte Versteifung

21.12.1956	222 401	Verbesserte Heizung mit geändertem Knopf und Hebeln

1957	Fahrgestell-Nr.	
22.1.1957	228 657	Bremsleitungen zusätzlich galvanisiert
4.3.1957	238 470	Ölablassschraube nun magnetisch
29.3.1957	245 501	Spiegel hängt 60 mm tiefer
5.4.1957	246 964	Für USA zwei Kombileuchten für Rücklicht und Bremse
8.4.1957	247 199	Blinker beim Pritschenwagen unter dem Formteil statt darüber
11.4.1957	248 32	Gummikappe statt Schraubdeckel für Bremsflüssigkeitsbehälter
30.4.1957	249 220	Bodenbretter Pritschenwagen aus härterem Holz
6.5.1957	250 592	Bestimmte Fahrzeuge auch mit Ate-Lenkung statt ZF
7.5.1957	253 967	Größerer Reflektor im Suchscheinwerfer des Krankenwagens
18.5.1957	263 527	Seitentüren mit Verstärkungsblech, neue Türgriffe
2.6.1957	268 311	6 V 88 Ah-Batterie für Kanada, Alaska und andere kalte Gegenden
1.8.1957		Beginn des Modelljahrs 1958
6.8.1957	273 650	Kastenwagen und Pritschenwagen mit lackierten statt verchromten Radkappen
September		Selbstrückstellende Blinker
14.11.1957	303 436	Stabilerer Verschluss der Ausstellfenster mit dreieckiger Platte
14.11.1957	303 929	Stabilerer Verschluss der Ausstellfenster mit dreieckiger Platte für Typ 241
25.11.1957	306 726	Schaltstange in Rohr mit Gummidichtung
Dezember		Höhenkorrektur M112 als Zubehör erhältlich
17.12.1957	313 913	Stabileres Schloss für Laderaumtüren des Typs 211
27.12.1957	315 606	Stabileres Schloss für Laderaumtüren des Typs 231

1958	Fahrgestell-Nr.	
2.1.1958	316 265	Stabileres Schloss für Laderaumtüren des Typs 221
3.2.1958		Drehzahlbegrenzung als Zubehör oder Ersatzteil erhältlich
17.2.1958	316 357	Feuerwehr- und Krankenwagen mit Kombinationsschalter für Warnlicht und Sirene
17.2.1958	329 579	Heckfenster des Krankenwagens ausstellbar
10.3.1958	335 791	Geänderte Schalterstange mit leichten Bögen an den Ecken, in Heizungsanschlusskasten
18.4.1958	345 925	Kerzenschlüssel mit Gummimanschette
1.5.1958	351 736	Anstelle separaten Bremslichts größere Kombileuchte mit separatem Chromring, bessere Kennzeichenbeleuchtung, Motorhaube geändert
2.5.1958	352 263	Kastenwagen auch in siegellackrot und hellgrau erhältlich
20.5.1958	366 949	Zusätzlicher Unterbodenanstrich
30.5.1958	369 185	Höchstgeschwindigkeitsangabe an Windschutzscheibe nun 90, für Pritschenwagen 85 km/h
30.5.1958	369 640	Schiebedach nun aus PVC statt Wollgewebe
26.6.1958	368 390	Stütze für Kerzenstecker und Rotor im Verteiler
31.7.1958	374 811	Große Modellpflege: Beim Samba beigegrau statt kastanienbraun, gepolsterte Sonnenblenden (auch Kleinbus), flexibler Griff an Armaturentafel und im Passagierraum, Innentürgriffe verchromt, Handschienen an den Sitzen mit geriffeltem Kunststoff ver-

		kleidet, Kleiderhaken, heller Teppich im Kofferraum, größere Armlehne, Kunstleder-Sitzbezüge. Beim Kleinbus möwengrau/mangogrün statt palmgrün/sandgrün, Griffmulde an Laderaumtüren (alle Modelle), stabilere Kabinentürgriffe, Schloss zurückspringend, nicht mehr bündig eingepasst, nach und nach werden keine Karosserienummern mehr eingeprägt
13.8.1958	378 686	Kupplungsseilzug mit Bolzen und genieteter Klammer an Pedal befestigt (zuvor Splint)
29.8.1958	384 816	Hintere Stoßstange mächtiger, kein Loch mehr für Andrehkurbel
29.8.1958	384 875	US-Modelle mit Stoßstangenhörnern an neuen Stoßstangen, Andrehkurbel entfällt aus Werkzeugrolle, Kurbelaufnahme entfällt, sobald Restbestände aufgebraucht sind
21.9.1958	400 397	Pritschenwagen auf Wunsch mit hölzerner Plattform (M201)
22.9.1958	400 552	Pritschenwagen auf Wunsch mit breiterer Blech-Plattform (M200)
7.10.1958	397 080	Gaszug jetzt 3557 statt 3549 mm lang
7.10.1958	397 288	Karosserienummer nicht mehr eingeprägt
3.11.1958	404 236	Doppelkabine für Pritschenwagen jetzt eigenes Modell, nicht mehr Mehrausstattung M16
1.11.1958	404 491	Beginn des Modelljahres 1959
8.12.1958	417 115	Kraftstoffpumpe nun mit Synthetik-Filter
18.12.1958	421 020	Rückleuchten Pritschenwagen 100 mm tiefer und 12 mm weiter außen
29.12.1958	422 670	Rückleuchten ebenso bei den anderen Modellen versetzt

1959	Fahrgestell-Nr.	
1.1.1959	422 999	Modellnummern ohne 2 am Anfang, Typschild mit „Made in Germany", Radkappenabzieher nun in Werkzeugrolle
12.3.1959	448 177	Zusätzliche Versteifung an Vorderachs-Ankerplatte zwischen unterem Arm und Drehstabstreifen
18.3.1959	449 484	Auspuff-Oberseite mit Zink- statt schwarzer Farbe geschützt
4.5.1959	468 258	Zündkabelhalterungen am Gebläse aus Gummi statt Röhre
11.5.1959	467 279	Zusätzliche Führung im Schiebedach
19.5.1959	469 447	Große Modellpflege: Motor überarbeitet (weiterhin 30 PS), abnehmbare Halterung für Lichtmaschine, Verdichtung 6,6:1, verbesserte Zylinderköpfe, Nockenwellen und Stößelstangen, Einteiliger Getriebetunnel mit Synchronisierung, Fahrgestellnummer jetzt rechts unten auf Motorabdeckung geprägt, Kraftstoffpumpe geändert
18.6.1959	481 562	Schiebedach-Führungsschienen jetzt mit Dichtlippe
25.6.1959	483 965	180-W-Lichtmaschine statt 160 W
30.6.1959	484 000	Heckschürze jetzt ohne Loch für Andrehkurbel
17.7.1959	480 280	Pritschenwagen jetzt mit staubfreier Luftansaugung erhältlich (M04)
17.7.1959	491 959	Material und Gestalt der Schalthebeltülle geändert
1.8.1959	490 623	Gewindestift für Haupt-Antriebswelle 22 statt 18 mm
6.8.1959	492 000	Gebläsekeilriemen geändert mit 8-11 statt 5-8 Unterlegscheiben
24.8.1959	499 515	Frischluftgebläse mit vier Einstellungen und Feder- statt Druck-Unterlegscheibe

Motorhauben-Griffe

1950-55: T-Griff

1955-65: Einfaches Schloss für Vierkant

1965-67: Druckknopf mit Fingergriff

Fahrtrichtungsanzeiger

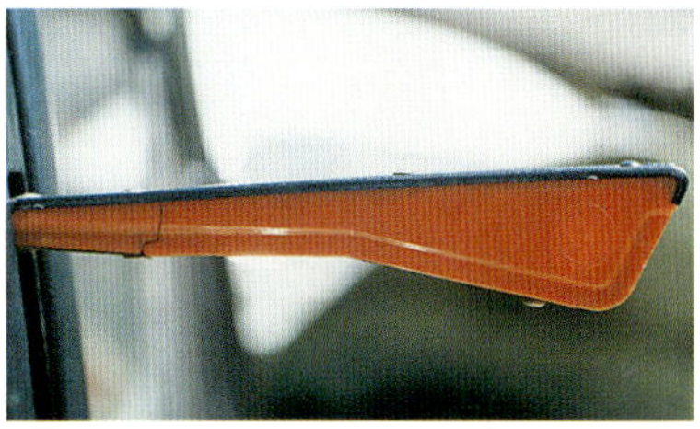

1950-53: Geriffelter Winker

1953-60: Glatter Winker

1960-63: Spitzer Blinker

1963-67: „Fischaugen" Blinker

28.8.1959	501 707	Schalt- und Handbremshebel 150 mm länger, Pedale geändert, größerer Fußraum in der Kabine
30.9.1959		Beginn Modelljahr 1960
7.10.1959	511 713	Krankenwagen geändert, u. a. Scheibenwaschanlage (Teil von M150) und Warmluftverteilung mit Knöpfen für Kabine und Krankenraum
9.10.1959	520 045	Bessere Abdichtung Motorraum und breitere hintere Motorabdeckung
9.11.1959	531 959	Schalthebelbalg aus Kunststoff statt Gummi
27.11.1959	539 268	Feuerwehren und siegellackrote Kastenwagen mit Blinkern statt Winkern
30.12.1959	539 286	Gewinde am Kupplungsseilzug nun 7 statt 6 mm

1960	Fahrgestell-Nr.	
5.1.1960	554 147	Heckstoßstange im Einheitsdesign für alle Modelle
3.2.1960	565 863	Feuerwehren mit Winkern statt Blinkern
10.2.1960	569 929	Zwei Sicherungen für Fern- und Abblendlicht, insgesamt acht statt sechs Sicherungen
15.2.1960	570 016	Vorderradlager nun mit Lithium-Schmierfett A 1060
23.2.1960	573 258	Kraftstoff-Ablasshahn geändert, mit Gummikappe
26.2.1960	575 830	Zündstecker geändert, bisher einfach funkentstört
4.3.1960	579 519	Wischermotor stärker, stärkerer Anpressdruck des nun abnehmbaren Wischerblatts
16.3.1960	584 674	Kunststoff-Türgriffe innen, außer bei Kleinbus und Samba
6.5.1960	605 706	Papierdichtung statt Dichtmasse an Wellenausgängen des Differenzials
1.6.1960	614 456	Große Modellpflege: Verdichtung jetzt 7,0:1, 34 PS, Vergaser 28 PICT mit Kaltstartautomatik, Ansaugbrücken geändert, Tacho bis 120 statt 100 km/h reichend, ohne rote Markierung der Begrenzungen in den Gängen, Kabel mit Schiebestecker statt Verschraubung, Blinker an allen Modellen, asymmetrische Scheinwerfer, Zündschloss mit Anlass-Wiederholsperre, alle Verteiler mit Unterdruck- statt Zentrifugal-Vorverstellung, transparenter Kasten für acht Sicherungen unter Gepäckablage, Öldruckschalter nun einstellbar, Zündzeitpunkt 10 statt 7,5° vor OT, Handbremsseilzug am Hebel befestigt, vom Innenraum aus einstellbar, Ölbadluftfilter mit Vorheizung
5.8.1960	630 531	Kurbelwellen-Riemenscheibe mit Markierungen 10 und 7,5° vor OT
9.8.1960	631 071	Schaltwellenstangenführung mit Kunststoffmanschette
15.8.1960	638 775	Vorheizungsschlauch mit Schlauchklammern fixiert
15.8.1960	639 731	Federspielweg an Öldeckel verringert
30.8.1960	645 570	Ankerplatten für Vorderachslenker verstärkt, Wegfall der Verstärkungsplatten
27.9.1960	658 784	Vergaser und Verteiler für Fahrzeuge mit Zyklon-Luftfilter geändert
7.10.1960	660 032	Geänderter Ölpeilstab
13.10.1960	667 382	Schlauch zwischen Kraftstoffpumpe und Vergaser aus Gummi statt aus Synthetikmaterial
13.10.1960	667 509	Nun 14 Gummistopfen für Wasserabläufe im Laderaum
27.10.1960	673 946	Sitz und Lehne nun in drei Positionen einstellbar
4.11.1960	678 336	Gaszughaken direkt am Pedal, ohne Bolzen und Stift
8.11.1960	679 977	Lüfterrad mit 28 statt 16 Flügeln

18.11.1960	684 581	Dichtung an Heckklappe mit zusätzlicher Lippe
6.12.1960	695 376	Abdeckung an unterer Aufhängung des Handbremsseilzugs
13.12.1960	698 969	Lenksäulenhalterung jetzt mit geriffelter Wulst
29.12.1960	705 620	Obere Ladetürscharniere tiefer gesetzt, kürzere, selbstschmierende Scharniere, geänderte Kabinentürgriffe mit tiefer sitzenden Schlössern

1961	Fahrgestell-Nr.	
12.1.1961	713 860	Blinker statt Winker auch an Feuerwehr (M140)
16.1.1961	716 433	Kraftstoffleitung zur Pumpe hin aufwärts gebogen, Dichtung an Abdeckung
20.2.1961	735 060	Halterungen der Sonnenblenden nun an Kunststoff- statt Druckguss-Platten befestigt
3.3.1961	743 767	Stabileres Schloss an Laderaumtür
20.3.1961	749 530	Erste Ölfüllung nun 1,75 statt nur 1,5 Liter
30.3.1961	754 736	Kastenwagen und Pritschenwagen mit Achslast-Aufdruck über rechten Radausschnitten (nur für Deutschland)
11.4.1961	761 997	Instrumententafel dicker und mit größeren Radien, Verkleidungs-Formteil für Rückwand Fahrerkabine (Kombi und Kastenwagen), Vierkant-Schlüsselhalter von Fahrertür auf vordere Verkleidung verlegt, anderes Türverkleidungsmaterial
28.4.1961	763 939	Flexible Handgriffe für alle Modelle
2.5.1961	784 631	Vordersitzbank mit flexiblem Handgriff statt starrer Stange
4.5.1961	770 290	Auslassventile nun Bimetall (Modelle für Nordamerika)
8.6.1961	791 893	Zündkabel nun blau anstelle verschiedener Rot-Töne
8.6.1961	792 098	Verbindungsschlauch statt Entlüftungsrohr zwischen Öleinfüllung und Ansaugbrücke
13.6.1961	793 372	Stößelstangen-Rohrdichtungen aus weißem Kunststoff statt rotem oder grünem Gummi
15.6.1961	794 677	Auslassventile Bimetall für alle Modelle
31.7.1961	802 986	Große Modellpflege: Flexibler Handgriff statt Stange an Rückseite des Kleinbus-Fahrersitzes, Verriegelungshebel innen auf Laderaumschloss, Sonnenblende für Beifahrer, wartungsfreie Pedal-Box (Linkslenker), neue Zweikammer-Rückleuchten mit orangefarbenem bzw. für USA rotem Blinker, Anlasser-Schalter an Lenksäule, Zünd-Lenkrad-Schloss und Kraftstoffanzeige für alle Modelle, Fischaugen-Blinker vorn für US-Modell, Heckklappe mit halbkreisförmiger Griffmulde über T-Griff
31.7.1961	803 000	Tachometer stärker abgerundet, Blinkerkontroll-lampe grün statt rot
1.8.1961	803 985	Heizungs-Anschlusskasten mit Ösen statt Gewindeschrauben
2.8.1961		Beginn Modelljahr 1962
3.8.1961	808 758	Handbremsseil an wartungsfreier Schutzmanschette aufgehängt
21.8.1961	815 634	Bei Rechtslenkern Fußabblendschalter 100 mm vorgerückt, Gummimatte daran angepasst
September		Hochdach-Ausführung erhältlich
18.9.1961	829 682	Wartungsfreie Zugstreben (Linkslenker)
26.9.1961	832 753	Flacherer Knauf für Ausstellfenster
2.10.1961	835 705	Ausrückhebel an Kupplungswelle mit Sicherungsring statt Klammer befestigt

Rückleuchten

1950-51: Flaches Glas, profilierter Ring

1951-53: Flaches Glas, glatter Ring

1953-55: Erhabenes Glas

1955-58: Integrierter Rückstrahler

1958-61: Kombiniertes Schluss-Bremslicht

1961-67: Zweikammer-Rückleuchte

Vordertüren

1950-53: Schwenkbares Ausstellfenster

1953-67: Drehbares Ausstellfenster

1950-52: Spiegel an Türscharnier

1952-55: Spiegel angewinkelt

1955-67:Spiegel über Türscharnier

3.11.1961	851 140	Schraubenschlüssel mit 8- und 13- statt 8- und 12-Zoll-Mäulern
29.11.1961	869 982	Gaszug nun mit Kunststoffmanschette zwischen Motor und Karosserie
1962	**Fahrgestell-Nr.**	
15.1.1962	889 352	Unterdruckrohr mit Schleife statt Rohr zwischen Verteiler und Vergaser
15.1.1962	889 534	Reserverad nun mit Klammer, Schraube und Flügelmutter an Trennwand befestigt
23.1.1962	891 205	Tachowelle nun in Metallgehäuse mit Kunststoff-Ummantelung statt Kunststoffrohr
1.2.1962	896 577	Abdeckungen hintere Radlager mit Papierdichtung
14.2.1962	904 316	Vordertürscharniere mit Phosphat und Molybdän behandelt
20.2.1962	905 991	Kurbelgehäuse-Entlüftungsröhre an Ölbad statt Ansaugbrücke angeschlossen
13.3.1962	915 559	Ansaugbrücke und Vorheizer-Röhre nun mit Zinkfarbe
2.4.1962	925 253	Klammergurt befestigt Dachhimmel nun an Frischluftsystem
6.4.1962	928 307	Kraftstoffleitung mit Schlauchanschlüssen statt textilbezogenen Gummis
18.4.1962	934 574	Gurtaufhängungspunkte bei Fahrzeugen mit Durchgang zum Laderaum nun serienmäßig (vorher M199)
18.4.1962	934 616	Ölfilter-Ablauf jetzt mit 6 statt 3 mm Durchmesser
28.4.1962	939 199	Bremsflüssigkeitsbehälter aus Kunststoff statt Aluminium
10.5.1962	944 000	Erstfüllung mit Öl nun 2,5 statt 1,75 Liter
15.5.1962	947 980	Einrückdruck an Bosch-Anlasser größer
28.5.1962	952 458	Ventilfedern nun progressiv
28.5.1962	952 509	Motoröl nun SAE 20 statt SAE 10
30.7.1962	971 532	Kupplung verbessert, 200 statt 180 mm Durchmesser, Druck 380-420 kg
30.7.1962	971 550	Große Modellpflege, Beginn Modelljahr 1963 (Export): Vordere Stoßdämpfer mit Sechskant statt Gewindebuchse aufgehängt, tiefere Reserveradmulde, Radausschnitte rundum vergrößert, hinten mit versteifender Lippe, Bank durch getrennte Sitze ersetzt, Fahrersitz einstellbar, Getriebegehäuse für 200-mm-Kupplung angepasst
30.7.1962	971 662	Blinkereinheit mit Schrauben statt Federklammer befestigt
2.8.1962		Kühlung verbessert, geändertes Lüfterrad, geänderte Zylinderköpfe, Ölkühler mit nun perforierter Platte
27.9.1962	1002 040	Krankenwagen-Rückfahrleuchte nun über Tachowelle statt Schalt-hebel gesteuert
1.10.1962	1003 599	Beginn Modelljahr 1963 (Deutschland)
1.10.1962	1004 567	Motorölerstbefüllung mit SAE 10 statt SAE 20
15.10.1962	1012 332	Volkswagen-Schriftzug am Heck der Typen 211 bis 251
15.10.1962	1011 558	Volkswagen-Schriftzug am Heck des Pritschenwagens
15.10.1963	1007 315	Volkswagen-Schriftzug am Heck des Krankenwagens
16.10.1962	1012 642	Schalthebel nun mit federgestütztem gleitendem Rundkopfbolzen, zuvor in der Führung verlötet mit Feder und Kugel
25.10.1962	1017 934	Gangwechsel-Markierungen auf dem Tacho (außer Pritschenwagen, US-Modelle ab Juli 1963)

30.10.1962	1019 925	Verbesserte Türschlösser für einige Modelle
1.11.1962	1021 547	Wischermotor mit zwei statt drei Befestigungspunkten
20.11.1962	1031 726	Stabilere Türschlösser für alle Modelle
28.11.1962	1035 420	Zusätzliche Dämpferfeder und Einstellschraube an Drehzahlbegrenzer
8.12.1962	1040 288	Handbremshebel nun mit PVC-Verkleidung, vorher Stahlblech
10.12.1962	1040 368	Wärmetauscher statt Zylinder erwärmen die Heizungsluft, Heizungs-Seilzug 10 mm kürzer, Zündkerzenstecker mit neuen Kunststoffkappen
12.12.1962	1042 996	Flacheres Scheinwerfergehäuse in der Kabine
17.12.1962	1045 214	Gangwechselmarkierung auf Meilentacho für Pritschenwagen
17.12.1962	1045 237	Kunststoffabdeckung für Reserveradmulde

1963	Fahrgestell-Nr.	
7.1.1963	1041 014	1500er-Motor (M216) erhältlich, anfangs nur für USA, Vergaser mit elektromagnetischem Absperrventil, Drehzahlbegrenzer und Markierung 1.5 (für 1,5 Liter), modifizierte Kraftstoffpumpe mit federbelastetem Klappenventil statt Kunststoff-Ventilscheibe, modifizierte Radlager bei 1500er, Reduktionsgetriebe nun 1,26:1 übersetzt, Aufhängungspunkt für Rückplatte und Radzylinder, bessere Bremsen mit größeren Trommeln und geraden Bremsschuh-Enden, stärkere Lichtmaschine (200 W) und Anlasser, Spannungsregler nun auf rechtem Radkasten statt auf Lichtmaschine, Kastenwagen als Eintonner mit 1500er-Motor erhältlich (M215)
6.3.1963	1080 104	Zehn nach innen zeigende Lüftungsschlitze statt neun nach außen zeigende
7.3.1963	1080 215	Zwei Schraubendreher in Werkzeugrolle zu einem mit zwei Enden zusammengefasst
7.3.1963	1080 822	Mehr Seitenspiel in hinteren Radlagern
4.5.1963	1125 697	Unterdruckleitung zum Verteiler mit Bogen statt Schleife
17.5.1963	1040 288	Verbesserte Lackierung des Unterbodens
18.3.1963	1078 944	Krankenwagen-Heckklappe (M152) mit Stützen an Scharnieren statt Schienen zum Aufhalten
16.4.1963	1096 272	Schiebetür erhältlich (M161)
23.4.1963	1101 164	Vinyl-Dachhimmel in Kleinbus und Samba (M72)
25.5.1963	1117 418	Krankenwagen-Heckklappe mit geändertem Schloss
11.6.1963		Zündkerzenstecker nun aus PVC statt Gummi
15.6.1963		50 km/h-Markierung auf Tachoskalenscheibe nun in Leuchtfarbe
2.7.1963	1140 222	US-Tachos nun mit Gangwechselmarkierung
27.6.1963	1137 188	Reserveradabdeckung bei Modellen mit Durchstieg aus PVC statt Vinyl
4.8.1963	1146 027	Vergaser 28 PICT beim 1500er mit Luftkorrekturdüse 150z statt 145y
5.8.1963	1144 303	Große Modellpflege, Beginn Modelljahr 1964: Größere Heckklappe mit Druckknopf-Schloss statt T-Griff und Griffmulde darunter, Drehstab-Aufhalter statt Haltestange, Samba ohne Eckfenster hinten (verbleiben 21 Fenster), „Fischaugen"-Blinker vorn bei allen Modellen, Heckschriftzug auf linke Seite der Heckklappe gewandert, VW-Zeichen auf Radkappen nicht mehr lackiert, geändertes Reduziergetriebe

Einzelheiten der Kabine

1953: Samba-Armaturentafel

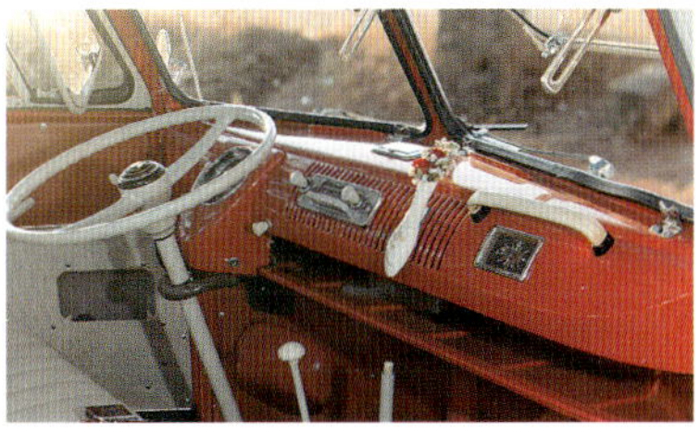

1967: Samba-Armaturentafel

1950-55: Dreispeichen-Lenkrad

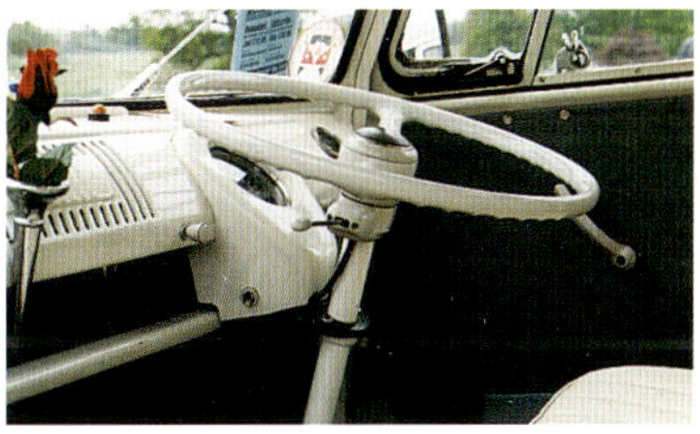

1955-67: Zweispeichen-Lenkrad

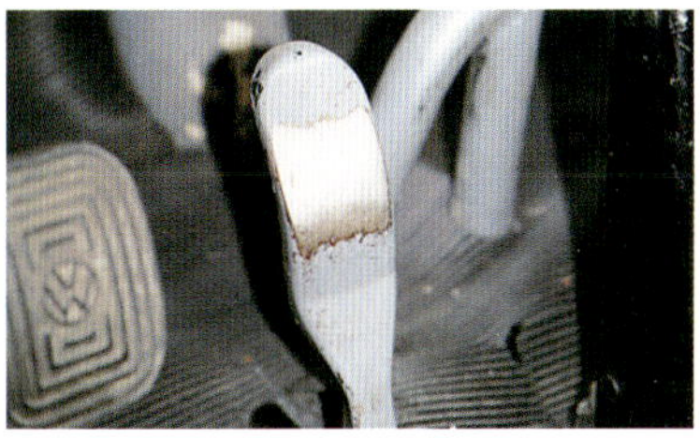

1950-52: Breiteres Gaspedal

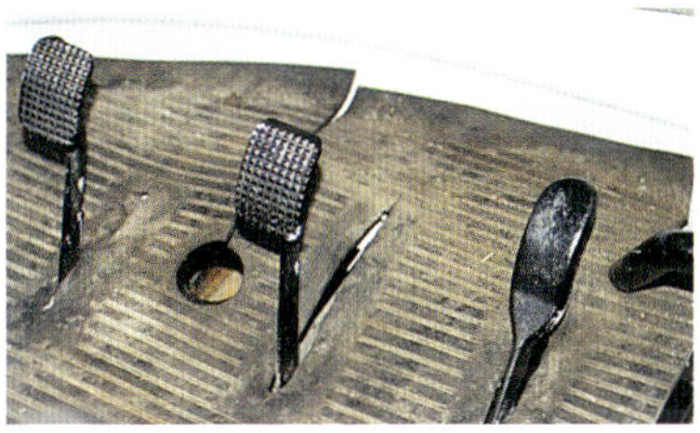

1952-55: Schmaleres Gaspedal

Stoßstangen

1950-58: Geriffelt (bis 1955 kleinere Nummernschildaussparung)

1950-53: Keine Heckstoßstange, Zierrat auf Wunsch

5.8.1963	1144 306	Lenkhebel des 1500ers nun serienmäßig, verstärkte Kurbelarmlager sowie Bundbolzen, geändertes Reduziergetriebe
2.9.1963	1160 910	Dachhimmel nun mit Spanndraht und Kunststoffkappen statt Gummiröhren
17.9.1963	1167 803	Schalldämpferrohr nun an Auspuff gesichert statt an der Stoßstangenhalterung
4.10.1963	1179 545	Lenksäulenrohr nun 2 statt 1,5 mm
12.10.1963	1178 188	Geänderter Handgriff an vorderer Sitzbank, Sitzpolster beim Kleinbus mit Kedern
6.11.1963	1197 411	Ölbadluftfilter beim 1500er nun rechts oben an Motorraumplatte statt links vom Kühlgebläse
7.11.1963	1197 688	Ölbadluftfilter beim 1200er nun rechts montiert
11.11.1963	1200 098	Typschild von Motorraum an Lüftungskanal verlegt
14.11.1963	1202 225	Typschild beim Pritschenwagen vom Motorraum an den Lüftungskanal verlegt
28.11.1963	1035 006	Stabileres Schlossgehäuse an Lade- und Doppelkabinentüren
3.12.1963	1211 643	Geänderter Einstellmechanismus für Sealed-Beam-Lampen wegen neuer Vorschriften
18.12.1963	1222 026	Motorhaube und Tankklappe nun mit Stütze und Federrollen, Kabinentüren mit Druckknopf- statt Zugtürgriffen und Haltegurt
18.12.1963	1218 059	Krankenwagen-Heckklappe größer, Auflage für Liege geändert
19.12.1963	1222 026	14-Zoll-Räder serienmäßig, ebenso Reifen 7.00-14 schlauchlos statt 6.40-15
19.12.1963	1222 031	Vordertürverkleidungen mit Klammern statt Schrauben fixiert

1964	Fahrgestell-Nr.	
21.1.1964	1233 993	Kabelbaum für Eberspächer-Heizung unter Boden verlegt
17.2.1964	1250 723	Kleinere Bosch-Zündspule für 1200er
17.2.1964	1250 006	Kleinere Bosch-Zündspule für 1500er
4.3.1964	1259 098	Größere Kaltstartautomatik mit Membran statt Kolben für Vergaser 28 PICT
4.3.1964	1260 107	Schiebedach mit geradem statt gebogenem Griff
10.3.1964	1262 976	Suchscheinwerfer jetzt hinter der Frontscheibe statt an oberem Türscharnier
14.4.1964	1285 211	Warmluftregulierung mittels hebelbetätigter Klappe zwischen Defroster- und Fußraumkanal, zwei Entlüftungsschlitze statt vertikalem Rohr
20.5.1964	1303 440	Schiebetürgriff jetzt mit breiterer Führung
27.5.1964	1306 309	Warmluftkanäle am Wärmetauscher 10 mm größer
2.7.1964	1327 902	Ölbadluftfilter nun mit zweiter Halterung gesichert
3.8.1964	215 000 001	Beginn Modelljahr 1965: Neues neunstelliges Fahrgestellnummernsystem, vorn werden Modell und Modelljahr angegeben, größere Wischerblätter mit Tannenbaum-Profil statt dreier separater Streifen, stärkere, selbstrückstellende Scheibenwischer mit Antriebswellen auf Rahmen, Scheibenwascher mit Handpumpe, Lackierungen Rubinrot, Türkis, Mausgrau mit Perlweiß und Türkis mit Blauweiß nicht mehr lieferbar
3.8.1964	215 001 001	Drehzahlbegrenzer bei 1500er serienmäßig
3.8.1964	215 004 262	Automatische Luftregulierung im Gebläsegehäuse mit vier Klappen statt Drosselring vor Gebläse
3.8.1964	275 000 261	Krankenwagen-Dachhimmel nun mit Reißverschluss

4.8.1964	265 004 735	Radbremskolben hinten 2 mm länger
11.8.1964	215 010 333	Verbesserte Unterbodenabdichtung
19.8.1964	235 009 926	Wärmetauscher innen verrippt
19.8.1964	265 013 016	Wagenheberkasten Pritschenwagen aus Stahlblech statt Guss
1.9.1964	215 019 890	Wärmetauscher innen bei allen Modellen verrippt
14.9.1964	215 035 040	Geänderte Kanäle und Dichtstreifen an vorderen Seitenfenstern
21.9.1964	215 031 090	Zusätzliche Gummipuffer an Vordertüren
24.9.1964	215 033 149	Ölansaugrohr nun mit Halterung am Kurbelgehäuse
30.9.1964	225 035 391	Vinyl- statt Stoffdachhimmel jetzt serienmäßig für Kleinbus
1.10.1964	215 036 379	Für 1500er eine Tonne Nutzlast nun serienmäßig (war M215/6)
8.10.1964	215 042 141	Versteifungsplatten und Karosserieboden mit Zinkanstrich versehen
15.10.1964	215 046 056	Haltegurt an Vordertüren mit größerer Rückhaltekraft
6.11.1964	235 052 014	Radiale Rillen an Schwungradseite des Kupplungsbelags
6.11.1964	215 057 009	Ventilspiel auf Aufkleber am Gebläsegehäuse angegeben
9.11.1964	215 062 966	Tankanzeigedichtung aus Gummi statt Kork

1965	Fahrgestell-Nr.	
6.1.1965	215 080 002	Radius zwischen Lenkkopfflansch und Halbachse nun 8 statt 3 mm
27.1.1965	215 097 422	Höhere Verstärkung für unteres Fahrertürscharnier
3.2.1965	215 099 006	Innenspiegel größer, Halterung zur Seite gebogen und auf Gummiauflage montiert, Scheibe Trennwandfenster 25 mm tiefer
3.2.1965	265 100 183	Pritschenwagen: Drehzahlbegrenzer mit Kupfer-Dichtring statt Papierdichtung
16.2.1965	265 107 301	Motoren nun mit eingeprägtem Buchstaben für Leistung sowie „VW"-Zeichen davor
16.2.1965	215 108 049	Schmierloch für Drehschlösser an Vordertüren
24.2.1965	265 112 490	Funkentstörung für Verteiler des Pritschenwagens
26.2.1965	245 112 991	Zündkabel nun mit Kupferkern und Widerstand für Zündkerzenanschluss, Verteiler mit Funkentstörung
26.3.1965	225 128 588	Drehstäbe an den Enden nicht mehr geschweißt
5.4.1965	215 133 783	Rohr im rechten Wärmetauscher jetzt einteilig
6.4.1965	225 134 863	Ausrückhebel nun gerade mit Flügelmuttern-Einsteller statt gebogen mit Sechskantmutter
7.4.1965	215 136 525	Kurzer Arm des Heckklappenscharniers um 68 mm verlängert
15.4.1965	145 395 733	Beginn der Herstellung des VW Typ 147 „Fridolin"
18.5.1965	215 156 147	Wagenheberaufnahme mit zwei zusätzlichen eingepressten Rillen
19.5.1965	215 174 869	Wellen der Wärmetauscherklappen mit Liqui-Moly geschmiert
2.8.1965	216 000 001	Beginn Modelljahr 1966, 7,5:1 verdichteter 44 PS-Motor mit Kennbuchstabe H wird serienmäßig, Druckknopf mit Fingergriff statt einfachen Schlosses für Vierkant an der Motorhaube, kürzere, dickere Kunststoff-Türgriffe vorn (bei Samba Chrom) mit Kunststoff-Zuggriff unter dem Fenster, Lichtmaschinenhalterung und Gebläse geändert, elektrische Schubverbindungen statt Schrauben, Zündung 1500er nun 7,5° vor OT, Warnblinker mit eigenem Schalter für Exportmodelle erhältlich,

Stoßstangen

1950-58: Geriffelt

1958-66: Schräges Ende

1966-67: Pfeilförmiges Ende

US-Stoßstange

Lüftungsschlitze

1950-55: Acht Schlitze, nach außen gebogen

1955-63: Neun Schlitze, nach außen gebogen

1963-67: Zehn Schlitze, nach innen gebogen

1962-66: Ausführung für Australien

1966-67: Ausführung für Australien

		Zweistufen-Wischer mit Dreipositions-Drehknopf statt Zugknopf, Fernlichtschalter an Lenksäule statt am Wagenboden, Licht- und Wischerschalter ebenfalls mit rundem Knopf, mehr Kühlrippen an den Zylindern (beim 1500er 19, beim 1200er 18 Rippen), Kolben, Zylinderköpfe, Pleuelstangen, Stößelstangen geändert, einheitliche Ölpumpe, Öleinfüllstutzen größer mit Markierung für Vergaser 30 PICT-1, Rückholfeder statt Druckfeder an Vergasern 28 und 30 PICT, rundum bessere Stoßdämpfer, Lackierungen Siegellackrot mit Beigegrau, Seeblau mit Blauweiß und Samtgrün mit Blauweiß entfallen
2.8.1965	266 000 002	Größeres Rückfenster für Pritschenwagen, Kühlschlitze zahlreicher und nun im Seitenblech statt in der Ecke
Oktober		Produktionseinstellung 1200er
19.10.1965	216 046 096	Starrer Innentürgriff für Vordertüren mit Absperrhebel
4.12.1965	226 054 822	Veränderter Anschluss für Heizklappen-Seilzug am Wärmetauscher
9.12.1965	216 073 137	Ölfüllung im Lenkgetriebe nun 0,31 statt 0,25 Liter
28.12.1965	216 081 788	Kupplungs-Seilzugführung mit 60 mm Gummirohr geschützt

1966	Fahrgestell-Nr.	
3.1.1966	216 083 208	Heizrohr im linken Wärmetauscher jetzt einteilig
5.1.1966	216 083 934	Ringschlüssel in Werkzeugrolle jetzt 13 statt 14 mm
21.1.1966	216 094 055	Geänderter Radkappenabzieher
1.4.1966	216 130 952	Membran der Kraftstoffpumpe mit zweiteiligem Kunststoff- statt Gummikragen, Dichtung zwischen Abdeckung und Abschaltmembran
18.4.1966	216 139 032	Schwungraddichtung aus Gummi statt Metall
2.5.1966	216 147 398	Vergaservorheizung von Wärmetauscher statt Zylinderkopf her
1.6.1966	216 162 084	Kupplungsdruckplatte mit Teller- statt Druckfeder
1.8.1966	217 000 001	Beginn Modelljahr 1967: 12-Volt-Elektrik serienmäßig (vorher M620), 45 Ah-Batterie, 105-mm-Gehäuse für Lichtmaschine, Zündspule mit drittem Anschluss, modifizierter Drehriegel und Ein-Schlüssel-System, Druckknopfschloss an Heckklappe jetzt mit Fingergriff, Aufzieh-Tankklappe mit Federkraft statt Vierkantschlosses, Motorabdeckung für 12-Volt-Batterie angepasst, Drehriegelschloss statt Vierkantschlosses am Staufach des Pritschenwagens, Stoßstangen vorn nicht schräg, sondern pfeilförmig endend, größerer Radioschacht mit Abdeckung aus dem Käfer (wenn kein Radio montiert), Schwungrad mit 130 statt 109 Zähnen, Übersetzung 3. Gang geändert, Kupplungsgehäuse geändert, hintere Spurweite 1350 statt 1300 mm, zwei Bremskreise und Rückfahrleuchte bei manchen Exportfahrzeugen (insbesondere USA) serienmäßig
8.8.1966	217 008 251	Vordere Innentürgriffe jetzt mit zwei Unterlegscheiben
25.6.1966	217 017 726	Löcher für Abschlepphaken in Querträger gebohrt
29.8.1966	217 019 115	Lenkgetriebe nun mit 0,25 l Getriebeöl gefüllt
23.9.1966	217 023 206	Kupplungsseilzug-Auge 2 mm weiter
17.10.1966	217 044 740	Getriebe und Übersetzungen geändert

22.10.1966	217 045 893	Schlauchschellen an Schlauchanschluss zu Kraftstoffpumpe und Vergaser
15.11.1966	217 060 200	Vorderachsnummer nun erhaben statt eingeprägt
24.11.1966	217 063 548	Ölleitung jetzt einteilig
15.12.1966	217 071 764	Form und Material der Dichtung am Ölpumpendeckel geändert
26.12.1966	217 079 066	Antriebswellen auf Zahnradträger mit Federring und Unterlegscheibe statt Sicherungsplatte gesichert, hintere Öldichtung jetzt mit Lippen

1967	Fahrgestell-Nr.	
16.2.1967	217 094 210	Notsitz in Feuerwehr- und Krankenwagen hoch- statt herunterklappbar
17.3.1967	217 107 779	Aufgegossene Ummantelung an Ein- und Ausgangsröhren des Wärmetauschers verkürzt, zusätzlichen Kragen an Ausgang angeschweißt
26.4.1967	217 119 978	Dichtung Tankdeckel Asbest statt Kork
22.5.1967	217 128 680	Verteilerhalterung nun mit Zink oder Kadmium statt Lack beschichtet, Sicherungsstifte und Dichtung an Ölpumpe geändert
27.6.1967	217 143 801	Kraftstoffschlauch mit einer Spannöse statt zwei
Juli	217 148 459	Letzter T1 rollt vom Band, der Nachfolger T2 geht am 1. August 1967 in Serie

Ladetürscharniere

1950-60: Hohes oberes Scharnier

1961-67: Tiefer gerücktes oberes Scharnier

Vorderer Radausschnitt

1961-67: Mit Angabe Achslast (Deutschland)

Hinterer Radausschnitt

1951-62: Ohne Lippe

1962-67: Mit Lippe

Technische Daten

	1200er					1500er	
	1950-53	1/54-3/55	3/55-1959	1959/60	1960-64	1963-65	1965-67
Hubraum (ccm)	1131	1192	1192	1192	1192	1493	1493
Bohrung/Hub (mm)	75 x 64	77 x 64	77 x 64	77 x 64	77 x 64	83 x 69	83 x 69
Verdichtung	5,8 : 1	6,1 : 1	6,6 : 1	6,6 : 1	7,0 : 1	7,8 : 1	7,5 : 1
PS bei /min	25/3300	30/3400	30/3400	30/3400	30/3600	42/3800	44 /4000
mkg bei /min	6,8/1800	7,7/2000	7,7/2000	8,0/2000	8,4/2200	9,7/2000	10,4/2000
Achsuntersetzung	6,12	6,21	6,21	5,74	5,74	5,53	5,53
Höchstgeschwindigkeit km/h	90	90	90	95	95	105	105
Beschleunigung 0-80 km/h in s	40	40	40	40	40	35	35
Kraftstoffverbrauch l/100 km	10	10	10	10	10	10,5	10,5
Radgröße in Zoll	16	16	15	15	15	14	14
Reifengröße in Zoll	5.50x16	5.50x16	6.40x15	6.40x15	6.40x15	7.00x14	7.00x14
Länge mm	4100	4100	4190	4280	4280	4280	4280
Breite mm	1700	1700	1725	1725	1725	1725	1750
Höhe mm	1900	1900	1940	1940	1940	1925	1925
Leergewicht kg	990	1000	1020	1020	1065	1070	1070
Zul. Gesamtgewicht kg	1750	1800	1850	1850	1865	2070	2070
Zul. Achslast vorn/ hinten, kg	925/925	925/925	950/1000	950/1000	950/1015	950/1015	950/1150

5 Die Geheimnisse der Modellnummern

Der Käfer wurde intern als Typ 1 bezeichnet, und so war es nur logisch, dass die nächste Modellreihe, der Transporter zum Typ 2 wurde. Die verschiedenen Generationen werden als T1, T2, T3 etc. bezeichnet. Die Fahrzeuge mit geteilter Frontscheibe machen die T1-Baureihe aus.

Der Transporter-Prototyp hieß Typ 29 (zufällig waren die Plattenwagen als VR029 registriert). In den handgeschriebenen Verkaufsaufzeichnungen wurde diese Bezeichnung noch bis Mitte Mai 1950 beibehalten. Mit den zusätzlichen Modellvarianten Kleinbus und Kombi, offiziell ab 1. Mai 1950, kam ein Zusatz, z. B. A für Linkslenker, bald auch Buchstaben für Rechtslenker, Fahrzeuge mit beidseitigen Ladetüren und mit Schiebedach. Ab 1953 setzte man eine 2 für den Typ 2 voran, also z. B. 2/21 für den Kastenwagen; die 2 entfiel 1958 wieder; es hieß nun wieder Typ 21, 22 etc. M-Codes wurden für Sonderausstattungen wie Samba ohne Schiebedach, beidseitige Ladetüren, zwei Schubfächer, Durchstieg zum Fond o. ä. eingeführt.

Ab Januar 1959 war auf dem M-Schild mit einer dritten Ziffer hinter der Typnummer Genaueres angegeben; so war 211 ein linksgelenkter Kastenwagen mit Ladetüren rechts.

VW-Pritschenwagen DM 5.725,-

VW-Pritschenwagen mit Doppelkabine DM 6.675,-

VW-Kastenwagen DM 5.975,-

VW-Großraum-Holzpritsche DM 6.185,-

VW-Großraum-Pritschenwagen DM 6.225,-

VW-Kombi DM 6.275,-

Tabelle 6: Modellcodes

Kastenwagen

21 Kastenwagen				
1950-53	1953-59	1959-67	Ladetüren	Lenkung
21A	2/21	211	Rechts	Links
21A (M23)		213	Links	Links
21D		214	Links	Rechts
21E		215	Beide Seiten	Links
21F		216	Beide Seiten	Rechts
21F		-	Feuerwehr	

Kleinbus

22 Kleinbus (Neunsitzer)				
1950-53	1953-59	1959-67	Ladetüren	Lenkung
22A	2/22	221	Rechts	Links
22A (M62)		223	Links	Links
22D		228	Links	Rechts
22E		-	Beide Seiten	Links
24A		225	Rechts, Schiebedach	Links
24D		228	Links, Schiebedach	Recht

Kombi m. Schiebedach

23 Kombi				
1950-53	1953-59	1959-67	Ladetüren	Lenkung
23A	2/23	231	Rechts	Links
23A (M33)		233	Links	Links
23D		234	Links	Rechts
23E		-	Beide Seiten	Links
23F		-	Feuerwehr	Links
25A		235	Rechts, Schiebedach	Links
25A (M87)		237	Links, Schiebedach	Links
25D		238	Links, Schiebedach	Rechts

Pritschenwagen

24 Samba				
1950-53	1953-59	1959-67	Ladetüren	Lenkung
24G	2/24	241	Rechts	Links
24H		244	Links	Rechts
24S		-	Rechts, kein Schiebedach	Links
-		251	Rechts	Links
		Siebensitzer, Durchstieg		

Pritschenwagen m. Plane u. Spiegel

26 Pritschenwagen, Einzel-* und Doppelkabine**				
1950-53	1953-59	1959-67	Ladetüren	Lenkung
26A	2/26	261*	Staufach rechts	Links
26A (M88)		263*	Staufach links	Links
26B		264*	Staufach links	Rechts
-		265**	Tür rechts	Links
-		267**	Tür links	Links
-		268**	Tür links	Rechts

Doppelkabine

27 Krankenwagen				
1950-53	1953-59	1959-67	Ladetüren	Lenkung
27A	2/27	271	Rechts	Links
27A (M81)		273	Links	Links
27D		274	Links	Rechts

28 Kleinbus (Siebensitzer)				
1950-53	1953-59	1959-67	Ladetüren	Lenkung
-	2/28	281	Rechts	Links
-	-	285	Rechts, Schiebedach	Links

Typ 24S von 1951

Dieses seltene Exemplar ist ein früher Samba, der nur vier Monate zuvor vorgestellt worden war. Die Besonderheit liegt im fehlenden Schiebedach. Nach 1955 wurde der Entfall des Schiebedachs als M130 geführt, aber anfangs hieß das Modell 24S. Äußeres und Inneres dieser selten gebauten Ausführung entsprachen ansonsten genau dem Samba. Möglicherweise ist dies der einzige überlebende 24S. Wie bei fast jedem Bulli war seine Lebensgeschichte bewegt. Das im Oktober 1951 als Fahrgestellnummer 20 017 671 gebaute Fahrzeug wurde an eine kleine Mietwagenfirma im Raum Frankfurt ausgeliefert. Als Franz Hönig es 1958 kaufte, war der Lack in Kastanienbraun und Siegellackrot noch original. Mit ihm zog der Wagen 1959 nach Ostdeutschland um und litt ab dem Mauerbau 1961 unter Ersatzteilmangel. Hönig hatte wohlweislich ein kleines Lager angelegt und kaufte von einem örtlichen Lebensmittelhändler einen Kübelwagen. Den schlachtete er nach und nach aus, bis er Anfang der siebziger Jahre verschrottet wurde. Ende der sechziger Jahre wurde der 24S Rot und Weiß lackiert und fuhr anschließend fast jedes Wochenende nach Prag. Wie die Bilder zeigen, wurde der Wagen gehegt und gepflegt, doch ging er 1980 an einen Bauern, der ihn als Hoffahrzeug nicht wieder zuließ. Nach dem Tod des Bauern tat der Bus im Raum Altenburg Dienst, wurde von einem Opelhändler entdeckt, der ihn nach der Wiedervereinigung 1990 an einen Kollegen aus dem Westen weiterverkaufte. Dort stand der Wagen bis 1992; eine Scheibe wurde eingeschlagen und die Uhr gestohlen. Leider hatte der Drittbesitzer den 1131-ccm-Motor und die 16-Zoll-Reifen ausgebaut und verschrottet. Schließlich konnte VW-Liebhaber Michael Kaiser den Wagen von dem Händler kaufen, wozu er einen Opel zu kaufen und gegen den Bus einzutauschen hatte. Nun brauchte der 24S dringend eine gründliche Restaurierung. Kaiser hatte bereits einen Polizeibus von 1957 gekauft, und so kam der 24S 1994 zu Gunther Ronquetti in Belgien. Der führte ihn 1995 beim Treffen in Bad Camberg vor, wo das seltene Modell mit der Bugbemalung einiges Aufsehen erregte. Dort stieß Ronquetti auf eine Behr-Belüftungsanlage, die er gleich darauf montierte. 1998 trat der Bulli in einer belgischen Fernsehserie als Polizeifahrzeug auf, wozu er die Polizeilackierung der fünfziger Jahre (dunkelblau mit weißem Dach) erhielt. 2000 musste Ronquetti das Fahrzeug wegen der ihn in absehbarer Zeit überfordernden Restaurierung leider weiterverkaufen an Chris Hull, der einen frühen T1 als Ersatz für sein bei der Fahrt 1999 nach Bad Camberg zum Totalschaden verunfalltes Fahrzeug suchte. Hull hat insbesondere mit dem Fahrwerk noch viel Arbeit vor sich, aber dank seiner Erfahrung aus früheren Restaurierungen weiß er, worauf er sich eingelassen hat – hoffentlich wird man diesen sehr alten Transporter bald wieder auf der Straße sehen können!

Kleinbus mit Durchstieg von 1955

Dies ist der einzige bekannte Bulli mit großer Motorhaube und Durchstieg, ein Kombi mit M57 (geteilte Sitze vorn). Er entstand im Januar 1955 als Fahrgestellnummer 20 113 147. Der einzelne Stützpfosten, der von der Trennwand hinter dem Fahrersitz zum vorderen Dachträger verläuft, zeichnet diese frühen Sondermodelle aus und kann auf den Fotos klar erkannt werden. Der Durchstieg wurde in den fünfziger Jahren immer beliebter, und wurde ab 1959 beim Samba zum eigenen Modell 251.

Dieses Exemplar wurde von dem Händler Buff in New Jersey bestellt und hat noch dessen Aufkleber auf der Motorhaube. Der Kunde hatte den Durchstieg bestellt, nicht aber einen kleinen Mittelsitz. An einen Fehler bei der Herstellung glaubend, schnitt er den vorstehenden Teil des Sitzunterbaus ab und schuf so den Durchstieg. Der auf die frühen T1 spezialisierte Mark Merz kaufte den Bulli 1996 in recht bemitleidenswertem Zustand. Fleißig spürte er Original-Ersatzteile auf, erneuerte die Bremsen, die Stahlleitungen, Haupt- und Radbremszylinder, Heckschürze, Radkappen, Zündschloss, fand eine vordere Stoßstange im Originallack und lackierte die hintere entsprechend. Sogar neue Dunlop-Diagonalreifen, mit denen der Bulli noch ausgerüstet war, konnte er in England auftreiben, um den Bus so originalgetreu zu halten wie möglich. Das VW-Zeichen vorn und die Felgen wurden pulverbeschichtet, und eine Beule am Bugblech wurde gerichtet. Die Beifahrertür schließt nun wieder einwandfrei. Kürzlich fand Merz eine Sechsbein-Mittelbank mit zu den andern Sitzen passendem Bezug. Der Bus fährt nun perfekt; er soll neu lackiert und dann der eigenen Sammlung früher T1 hinzugefügt werden.

6 Sonderausstattungen

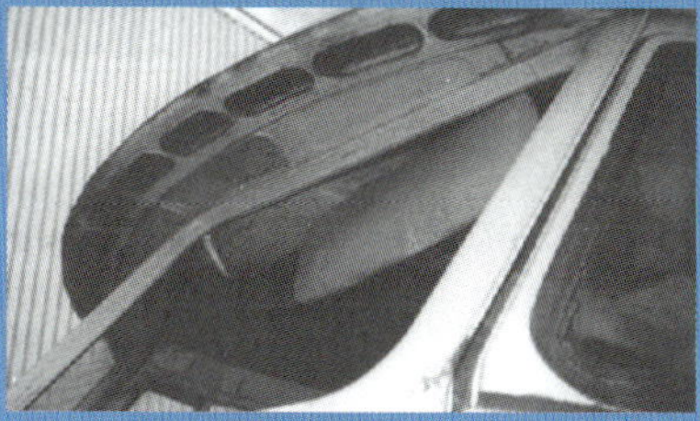

M004

Sonderausstattungen unterschiedlichster Art ab Werk wurden durch einen mit M (für „Mehrausstattung") beginnenden Code bezeichnet. Nachdem einige davon zur Serienausstattung wurden, konnte die M-Nummer für etwas anderes wieder verwendet werden. Manche Extras waren nur für bestimmte Modelle oder bestimmte Zielmärkte erhältlich. Die nachfolgende Liste umfasst die für den T1 verwendeten M-Codes:

M015

M052

M053

M054

M004 Staubfreie Belüftung für Pritschenwagen
M010 Staubfilter für Motorraum
M013 Mittel- und Rücksitzbank sowie Holzverkleidung im Laderaum
M015 Scheibenwaschanlage
M015 Dreisitzerbank mitten und hinten, für Australien
M016 Pritschenwagen mit Doppelkabine (ab November 1958 eigenes Modell – Typen 265-268)
M017 Kombinierte Schluss-/Bremsleuchten
M019 Lichthupe und 200-Watt-Lichtmaschine für Rettungsfahrzeuge
M020 Meilentacho für Export
M021 Türen von innen und außen abschließbar, für Export
M023 Gepäckleiste links mit Ladetüren links, bis 1959
M024 Sealed-Beam-Scheinwerfer und rote Rückleuchten für Nordamerika
M024 Sealed-Beam-Scheinwerfer, Seitenblinker und Rückfahrleuchten
M025 Sechs Ausstellfenster und US-Stoßstangen, für Export
M025 Aufhängungspunkte für Sicherheitsgurte
M026 Aktivkohle-Abgasfilter für Nordamerika und Japan
M027 Nebelscheinwerfer
M027 Scheibenwaschanlage für Australien
M028 Krankenwagen ohne Liege
M029 Abschlepphaken vorn und hinten
M030 Lichthupe und Nummernschildbeleuchtung für Österreich
M030 Typ 21 und 23 in Grundierung
M031 Typ 22 und 24 in Grundierung
M032 Abschließbare Tankklappe
M032 Brems- und Blinklicht für Australien und Italien
M033 Linksgelenkter Kombi mit Ladetüren links (bis 1959)
M034 Seitenblinker und modifizierte Handbremse
M035 Verstärkte Seitenwände für Pritschenwagen
M035 Seitliche Positionsleuchten
M036 Handbremswarnleuchte, Seitenblinker und modifizierter Handbremshebel für Italien
M037 Entfall Warnblinkanlage für Frankreich und Italien
M040 Tacho mit Tankanzeige
M043 Anpassung an Schweizer Vorschriften
M046 Seitenblinker für Dänemark, Norwegen und Italien
M047 Zwei Rückfahrleuchten
M051 Vorbereitung für zweite Lichtmaschine
M052 Heckklappe ohne Fenster

M055

M056

M057

M053 Heckklappe mit Fenster, bis März 1955
M054 Armaturentafel über volle Fahrzeugbreite (bis März 1955)
M055 Lüfter auf dem Dach (bis März 1955)
M056 Zünd-Lenkschloss
M057 Geteilte Vordersitze für Durchstieg, bis März 1955
M057 Ladeflächenboden für Pritschenwagen mitgeliefert, aber nicht montiert
M059 Thermostatisch geregelte Vorheizsteuerung für den Vergaser (Export)
M060 Zusatzheizung Fabrikat Eberspächer für Pritschen- und Krankenwagen
M062 Linksgelenkter Kleinbus mit Ladetüren links (bis 1959)
M062 Beifahrer-Außenspiegel
M064 Pritschenwagen ohne Seitenwände
M065 Schild mit zulässiger Achslast
M066 Gummimatten im Laderaum
M069 M013 für Kombi mit Schiebetür links
M070 Plane und Spriegel für Pritschenwagen
M071 Zweite Staufachklappe für Pritschenwagen
M072 Vinyl-Dachhimmel für Kleinbus und Samba (ab Oktober 1963 serienmäßig)
M074 Schmutzfänger hinten
M075 Schmutzfänger vorn und hinten
M077 Doppelkabine in Grundierung
M077 88 Ah-Batterie für kalte Klimazonen
M078 Pritschenwagen in Grundierung
M080 Durchstieg für Kastenwagen und Kombi, Linkslenker
M081 Durchstieg für Kleinbus und Samba, Linkslenker
M081 Linksgelenkter Krankenwagen mit Ladetüren links (bis 1959)
M082 Durchstieg
M083 Durchstieg
M087 Linksgelenkter Kombi mit Schiebedach und Ladetüren links (bis 1959)
M088 Staufachklappe links für linksgelenkten Pritschenwagen (bis 1959)
M089 Verbundglas-Frontscheibe
M090 Verbundglas-Frontscheibe für Export
M091 Weißwandreifen
M092 Kurze Übersetzungen für Gebirge, für Export
M093 Lüftungsanlage Fabrikat Behr (bis 1955)
M094 Abschließbare Motorhaube
M095 Radio Modell Wolfsburg
M096 Radio Modell Braunschweig
M097 Radio Modell Emden
M097 Heckstoßstange (bis 1955)
M099 Schlauchlose Winterreifen

M070 und 201

M074

M093

M097

M100 Entfall VW-Zeichen am Bug
M101 Winterreifen und rot lackiertes VW-Zeichen am Bug, für Feuerwehr
M102 Heizbare Heckscheibe
M103 Schwerlast-Stoßdämpfer
M105 Härtere vordere Getriebeaufhängung
M105/I Radio Telefunken für Kleinbus und Samba, für Europa
M105/II Radio Telefunken für Kleinbus und Samba, für Übersee
M106 Schwerlast-Stoßdämpfer
M107 Stoßstangenhörner
M108 Campingausrüstung Westfalia SO 42
M112 Höhenkorrektur-Vergaserdüse (bis Motornummer 3580 000), auch mit M155 als Paket
M113 „Safari"-Frontscheiben für Export
M114 Sechs ausstellbare Seitenscheiben für Export
M115 Niedriger Laderaumboden (spezielles Pritschenwagenmodell)
M116 Kastenwagen ohne Belüftung im Laderaum
M118 Ohne Seitentüren
M119 Zusatzheizung Fabrikat Eberspächer für Kastenwagen, Kombi, Kleinbus und Samba
M121 Frischluftgebläse für Krankenwagen
M123 Zusätzliches Dämmpaket für Export
M124 Gelbe Scheinwerfer für Frankreich
M125 Stahlgürtelreifen Fabrikat Michelin X für Export
M127 Heckklappe ohne Fenster für Kastenwagen, Kombi und Kleinbus
M129 34-PS-Motor
M130 Samba ohne Schiebedach oder Dachkantenfenster
M132 „Safari"-Frontscheiben mit Verbundglas für Export
M137 Zweikreis-Bremssystem für Export
M137 Kombi als Feuerwehr-Mannschaftswagen
M139 Sealed-Beam-Scheinwerfer und rote Rückleuchten für Export
M140 Feuerwehr nach deutscher Vorschrift
M141 Heizluftzufuhr zum Laderaum
M142 Verbundglas für Kombi- und Kleinbus-Seitenscheiben, für Export
M142 Schiebetüren beidseitig
M143 Verbundglas für Samba-Seitenscheiben, für Export
M144 Verbundglas für Krankenwagen-Seitenscheiben, für Export
M145 Sicherheitsschloss für Schiebetür
M146 M013 für Siebensitzer mit Laderaumtür rechts
M149 Chromteile lackiert
M150 Krankenwagen nach deutscher Vorschrift (ab 1959 mit Scheibenwaschanlage)
M151 Zusatzheizung Eberspächer und Gebläse des Krankenwagens
M152 Heckklappe mit Auszug, für Krankenwagen
M155 Zentrifugal-Luftfilter für Export
M156 Größerer Ölbadluftfilter
M156 Zweiter Außenspiegel (bis 1956)
M157 Abgasreinigung
M160 Blaulicht und Bosch-Martinshorn
M161 Schiebetür für Kastenwagen, einseitig
M162 Schiebetür für Kastenwagen, beidseitig
M163 Schiebetür für Kleinbus
M163 M161 mit Sealed-Beam-Scheinwerfer, für Export
M164 Schiebetür für Samba
M164 Frontblinker
M165 M161 mit Frontblinker
M168 Batterie 6 V / 88 Ah
M169 Schiebetür für Kombi
M171 Reifen mit erhöhter Tragfähigkeit
M172 Bremsflüssigkeitsbehälter sichtbar eingebaut, für Benelux-Staaten

M113

M114

M119

M141

M160

M175

M194

M199

M199

M201

M173 Vorbereitung für extreme Kälte, inkl. Wärmedämmung des Motorraums
M175 Stoßstangenhörner, nicht für Pritschenwagen und Doppelkabine, für Export
M176 Stoßstangenhörner für Pritschenwagen und Doppelkabine, für Export
M177 Entfall mittlere Sitzbank
M178 Drehzahlbegrenzer für 1200er-Motor
M180 Entfall mittlere Sitzbank
M181 Chrom-Radkappen
M183 Durchstieg für rechtsgelenkten Kastenwagen und Kombi
M184 Durchstieg für rechtsgelenkten Kleinbus und Samba
M186 Sicherheitsgurte hinten, für Export
M187 Asymmetrisches Abblendlicht für Linkslenker
M188 Asymmetrisches Abblendlicht für Rechtslenker
M191 Unterbodenplatten
M192 Vorbereitung für Campingwagen-Ausbau
M193 Winker
M194 Größere Außenspiegel
M195 Sitz und Lehne vorn einstellbar (bis 1963)
M196 Asymmetrisches Abblendlicht für Linksverkehr (z. B. GB)
M199 Drehbarer Fahrersitz für Kasten- und Campingwagen
M199 Mit Sicherheitsgurt-Anlenkpunkten

M200 Pritschenwagen mit größerer Stahl-Ladefläche
M201 Pritschenwagen mit größerer Holz-Ladefläche
M202 1200er-Motor (Oktober 1964 – September 1965)
M203 Zusatzheizung Eberspächer für Doppelkabine
M207 Plane und Spriegel für Doppelkabine
M208 Abschleppvorrichtung
M209 Neun Sitze mit doppelten Ladetüren
M210 Doppeltür-Kastenwagen ohne geteilte Kabinen-Trennwand
M211 Neun Sitze mit zwei Schiebetüren
M215 1500er-Motor mit 1 Tonne Nutzlast (ab Oktober 1964 Serie, außer bei Kleinbus und Samba)
M216 1500er-Motor
M220 Sperrdifferenzial
M221 Hochdach für Kastenwagen mit Verkaufstheke
M222 Hochdach für Kastenwagen
M223 Niedrige Ladefläche ohne Führungsschienen, spezielles Pritschenwagen-Modell
M224 Niedrige Ladefläche mit Führungsschienen, spez. Pritschenwagen-Modell
M225 Pannen- und Kundendienstwagen für VW-Händler
M240 Abgesenkte Kolbenböden für niedrige Verdichtung und wenig klopffesten Kraftstoff (Motorcode „L")
M246 Benzinbetriebene Standheizung Eberspächer

M303 Anpassung an italienische Vorschriften
M360 US-Paket, einschließlich M164 und M176
M361 Paket aus M168, M181, M192 und M199
M362 US-Paket für Pritschenwagen und Doppelkabine mit M020, M024, M025, M090, M176 und M620/1
M367 Paket aus M020, M024, M090, M142, M175 und M361
M368 Paket für Südafrika
M369 Paket aus M020, M024, M113, M132, M142, M175 und M361
M396 Anpassung an britische Vorschriften (Rechtslenkung, orangefarbene Blinker)

Für Arbeiten an der Unterseite konnten die Monteure das Fahrzeug mit einfachen Handgriffen auf das Hochband setzen. In den Montagehalle des neuen Transporter-Werkes Hannover-Stöcken arbeiteten ab 1956 nur 4954 Belegschaftsmitgliedern. Zehn Jahre später waren hier bereits 21.649 Mitarbeiter beschäftigt. (Foto: Stiftung AutoMuseum Volkswagen)

M415 Verlängerte Ladefläche für Pritschenwagen
M425 Sicherheitsgurte und Befestigungspunkte
M430 US-Paket für Kastenwagen, Kombi und Kleinbus, mit M020, M024, M025, M090, M175 und M620/1

M502 Karton-Seitenverkleidung für Kastenwagen und Kombi
M503 Karton-Dachhimmel für Kastenwagen und Kombi
M504 Karton-Verkleidung hinter Vordersitzen, ohne Durchstieg
M505 Karton-Verkleidung hinter Vordersitzen, mit Durchstieg
M510 Trennwand zwischen Kabine und Laderaum
M513 Schutzschienen für Bereich über Getriebe
M515 Schwenkbare Einheit
M515 Breitere Ladefläche für Pritschenwagen
M520 Schiebetüren beidseits
M525 Sicherheitsgurte (für USA)
M527 Große Heckklappe
M529 Kabinenteiler mit Schiebefenster
M530 Trittstufe unter Laderaumtür
M531 Hinten härtere Federung
M535 Drehzahlmesser
M539 Automatische Stufe/Trittbrett
M543 Kleinbus und Samba ohne mittlere und rückwärtige Sitzbänke
M546 Blinker hinten auf dem Dach

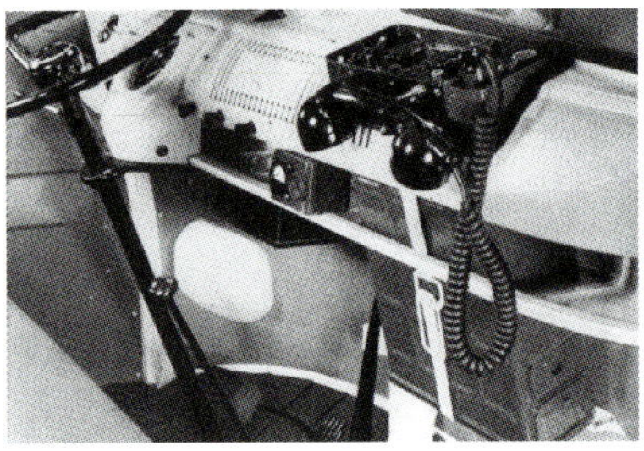

M623

M616 Rückfahrleuchten
M620 12-Volt-Elektrik (ab August 1966 serienmäßig)
M621 12-Volt-Warnblinkrelais, außer für Krankenwagen
M623 12-Volt-Elektrik, entstört für Kurzwellenfunkgerät

M718 Rot-Kreuz-Licht
M729 Schlauchlose Gürtelreifen Fabrikat Michelin X

Einzelheiten zu den für die Westfalia-Campingwagen verwendeten Codes sind in Kapitel 7 nachzulesen. Es gibt weitere M-Codes, deren Bedeutung der Autor bislang noch nicht zu entschlüsseln vermochte. Er wäre dankbar für Ergänzungen und Korrekturen zu dieser Liste.

M225 Pannenhilfe-Fahrzeug

Eine besonders ungewöhnliche Sonderausstattung war M225. Sie war ab 1962 erhältlich und umfasste nicht nur ein einzelnes Extra, sondern bezeichnete eine komplett zum Pannenhilfe-Fahrzeug für VW-Händler ausgebaute Doppelkabine, einschließlich Beschriftung. Zu diesem Paket gehörten eine orangefarbene Rundumleuchte auf dem Dach, ein 200-Watt-Suchscheinwerfer hinten auf der Kabine, eine 88 Ah-Batterie, Eberspächer-Heizung, Abschlepphaken vorn und hinten, Chrom-Radkappen, Leselampe und Klapptisch vor dem Beifahrer sowie Leuchtstreifen innen. Lade- und Kofferraum waren sorgfältig auf die Aufnahme von Werkzeug und Ersatzteilen vorbereitet, z. B. Winde, beweglicher und hydraulischer Wagenheber, Stahl-Seilzug, Gewindeschneider, Hochleistungs-Spaltsäge, Spaten, Schaufel, Schweißausrüstung, Feueraxt, Feuerlöscher, Warndreiecke in Lederetuis, Erste-Hilfe-Kasten, wasserfeste Überzieher, Gummistiefel, Abschleppseil, Keile, Besen, Benzinkanister, Fußpumpe und mehrere Lampen. Dazu kam natürlich das komplette VW-Bordwerkzeug. Das Fahrzeug war taubenblau mit orangefarbenen Akzenten, die Beschriftung umfasste neben dem Logo des VW-Händlers die Textzeile: „Schnell zur Stelle – VW Kundendienst"

M Kombi von 1964

Dieser Kombi von 1964 (Modell 231, Fahrgestellnummer 1323 902) gehört Mark Merz und verfügt über für dieses Modell ungewöhnliche Luxus-Attribute. Es wurde bei einer deutschen Bürgermeisterei hauptsächlich zur Beförderung örtlicher Amtsträger genutzt. Darauf war die Ausstattung abgestimmt – sie zeigt, wie der Kunde mit Sonderausstattungen das für seine Zwecke ideale Fahrzeug zusammenstellen konnte. Einige dieser Extras sind selten, man findet sie kaum je in einem Fahrzeug vereinigt. Hier sind vorhanden: M013 (Mittel- und Rücksitzbank sowie Seiten holzverkleidet), M056 (Zünd-Lenkschloss), M141 (Heizluftzuführung zum Laderaum), M216 (1500er-Motor), M504 (Verkleidung der Trennwand), M620 (12-Volt-Elektrik) und M623 (Vorbereitung auf Kurzwellenfunk). Der über die ganze Länge reichende Dachhimmel ist aus speziellem Masonit-Gewebe; auf dem Dach findet man eine kleine Radioantenne. Ursprünglich war sie vorn links in der Ecke montiert, aber sie wurde ebenso wie das Funkgerät vor dem Verkauf entfernt. Dachhimmel und Verkleidungen kann man auf dem Bild unten klar erkennen.

7 Lackierung und Innenausstattung

Welche Farben in welchem Modelljahr vorkamen, das verraten die nachfolgenden Übersichten. Man konnte Farben und Kombinationen aus dem Vorjahr weiter bestellen, sofern noch erhältlich. Nur grundierte Fahrzeuge wurden mit Code 29 bezeichnet. Ab 1958 verrät das in Kapitel 2 beschriebene M-Schild Einzelheiten. Darunter findet sich ein silberner Aufkleber mit dem Lackcode, der allerdings oft im Lauf der Jahre verloren gegangen ist.

Vor August 1963, also der Einführung des größeren Heckfensters, sind die Farben namentlich oder abgekürzt wiedergegeben, in Deutsch (z. B. Grau oder Blau) bzw. für den Export in Englisch (z. B. Blue für Taubenblau und Green für Türkis). Bei Zweifarbenlackierungen finden sich Abkürzungen, z. B. BGR SR für Beigegrau und Siegellackrot oder TK BLW für Türkis und Blauweiß. Durch Vergleich mit Jahr und Modell lässt sich die Abkürzung zweifelsfrei entschlüsseln. Abweichungen zu anderen Übersichten können auf Übersetzungsdifferenzen zurückzuführen sein, z. B. meinen Pale Grey und Light Grey das gleiche Lichtgrau, Pigeon Blue und Dove Blue Taubenblau sowie Turquoise Blue oder Turquoise Green Türkis. Westfalia und andere Sondermodellhersteller verwendeten von 1959 bis 1963 Codes mit SK für Farbsonderkombinationen.

Ab August 1963 wurde für Lackierung oben und unten sowie die Innenausstattung ein sechsstelliger Code verwendet. Die Nummern in Klammern nach jeder Farbe beziehen sich auf diesen Code.

Westfalia und einige Export-Sondermodelle verwendeten die Ziffer 5 mit zwei Ziffern für das Modell (z. B. 523 für Kombi) und weitere drei Zeichen zur Angabe der Farbe. Diese ersetzten die bisherigen Farbsonderkombinationen.

Kastenwagen, Kombi, Pritschenwagen und Doppelkabine

März 1950 bis Februar 1953 (000 001 – 046 563)

Karosseriefarbe	Innenausstattung
Perlgrau	Schwarz
Taubenblau	Schwarz
Mittelgrau	Schwarz
Kastanienbraun	Schwarz
Braunbeige	Schwarz

März 1953 bis Juli 1958 (046 564 – 374 810)

Karosseriefarbe	Innenausstattung
Perlgrau	Schwarz
Grau	Schwarz
Taubenblau	Schwarz
Elfenbein	Schwarz

August 1958 bis August 1961 (374 811 bis 835 178)

Karosseriefarbe	Innenausstattung
Taubenblau	Grau (80)
Elfenbein	Grau (80)
Lichtgrau	Grau (80)
Siegellackrot	Grau (80)

September 1961 bis Juli 1963 (835 179–1 144 281) *letztes kleines Rückfenster*

Karosseriefarbe	Innenausstattung
Taubenblau	Grau (80)
Elfenbein	Grau (80)
Lichtgrau	Grau (80)
Perlweiß	Grau (80)
Türkis	Grau (80)
Rubinrot	Grau (80)

August 1963 bis Juli 1964 (1144 282 - 1328 271)

Karosseriefarbe	Innenausstattung
Taubenblau (40)	Grau (80a)
Elfenbein (46)	Grau (80)
Lichtgrau (41)	Grau (80)
Perlweiß (13)	Grau (80)
Türkis (42)	Grau (80a)
Rubinrot (11)	Grau (80))

August 1964 bis Juli 1967(ab 215 000 001))

Karosseriefarbe	Innenausstattung
Taubenblau (40)	Gittergrau (83)
Perlweiß (13)	Gittergrau (83)
Lichtgrau (41)	Gittergrau (83)
Samtgrün (38)	Gittergrau (83)
Elfenbein (46)	Grau (94)

Kleinbus und Samba

März 1950 bis Februar 1955 (-20 117 901)			
Karosserie oben	**Karosserie unten**	**Kleinbus**	**Samba**
Braunbeige	Hellbeige	Beige	-
Steingrau	Steingrau	Beige	Schwarz
Kastanienbraun	Siegellackrot	-	Schwarz

März 1955 bis Juli 1958 (20 117 902–374 810)			
Karosserie oben	**Karosserie unten**	**Kleinbus**	**Samba**
Palmgrün	Sandgrün	Blassgrün (77)	-
Sandgrau	Sandgrau	Hellbraun (76)	Hellbraun (76)
Kastanienbraun	Siegellackrot	-	Hellbraun (76)

August 1958 bis Februar 1961 (374 811–749 000)			
Karosserie oben	**Karosserie unten**	**Kleinbus**	**Samba**
Möwengrau	Mangogrün	Karamellbraun (76)	-
Perlgrau	Perlgrau	Karamellbraun (76)	Blaugrau (77)
Beigegrau	Siegellackrot	-	Blaugrau (77)

März 1961 bis Juli 1964 (749 001–1 328 871)			
Karosserie oben	**Karosserie unten**	**Kleinbus**	**Samba**
Blauweiß (17)	Türkis (42)	Comogrün (81)	Comogrün (81)
Perlweiß (13)	Mausgrau (43)	Basaltgrau (80)	Basaltgrau (80)
Beigegrau (44)	Siegellackrot (45)	Basaltgrau (80)	Silberbeige (75)

August 1964 bis Juli 1965 (225 000 001–225 190 000)			
Karosserie oben	**Karosserie unten**	**Kleinbus**	**Samba**
Blauweiß (17)	Seeblau (12)	Gittergrau (83)	Gittergrau (83)
Blauweiß (17)	Samtgrün (38)	Gittergrau (83)	Gittergrau (83)
Beigegrau (44)	Siegellackrot (45)	Gittergrau (83)	Gittergrau (83)

August 1965 bis Juli 1967 (From chassis 226 000 001)			
Karosserie oben	**Karosserie unten**	**Kleinbus**	**Samba**
Kumulusweiß (18)	Seeblau (12)	Gittergrau (83)	Aeropapyrusweiß (72)
Perlweiß (13)	Samtgrün (38)	Gittergrau (83)	Gitterplatin (70)
Beigegrau (44)	Tizianrot (43)	Gittergrau (83)	Gitterplatin (70)
Lotosweiß (42)	Lotosweiß (42)	Gittergrau (83)	Aerobalear (71)

Farben für Räder, Zubehör, Innenraum und Polster

Räder und Stoßstangen wurden stets silberweiß (L82) lackiert, außer bei Elfenbein (reserviert für Krankenwagen), wozu es lotosweiße Räder und elfenbeinfarbene Stoßstangen gab. Perlgraue Kleinbusse und Sambas erhielten von August 1958 bis März 1961 schwarze Felgen; gleichzeitig waren die Felgen für siegellackrote/beigegraue Varianten beigegrau lackiert.

Die Radkappen für Kastenwagen, Kombi, Pritschenwagen und Doppelkabine waren normalerweise lichtgrau, bei taubenblauen Fahrzeugen taubengrau bzw. ab 1963 taubenblau. Sambas hatten verchromte Radkappen serienmäßig, bei Kombi und Kleinbus gab es diese oft gegen Aufpreis (M181). Kastenwagen und Pritschenwagen hatten selten Chromkappen, auch wenn Gewerbetreibende sie öfter bestellten. Bis August 1963 war das VW-Zeichen auf den Radkappen lackiert, meist schwarz, oft auch in der unteren Karosseriefarbe, je nach Bestellung durch den Händler. Später waren die VW-Zeichen nicht mehr farblich hervorgehoben.

Das VW-Zeichen am Bug war beim Samba verchromt, sonst silberweiß oder beim Kleinbus in der unteren Karosseriefarbe.

Lenksäule, Handbrems- und Schalthebel waren bei Kasten-, Pritschenwagen und Kombi schwarz, das Lenkrad ebenfalls. Kleinbus und Samba hatten ein elfenbeinfarbenes Lenkrad. Von 1958 bis 1961 waren Lenksäule, Handbrems- und Schalthebel steinbeige lackiert, danach silberbeige. Der Kragen an der Lenksäulenhalterung war schwarz, außer bei Kleinbus und Samba, wo er bis August 1964 steinbeige und danach silberbeige war. Der Hupknopf war schwarz, beim Kleinbus auf Wunsch silberbeige, aber der Samba hatte darauf ein Wolfsburger Wappen.

Die Sitzrahmen aller Modelle waren bis August 1964 schwarz lackiert, dann silberbeige, außer bei den Krankenwagen.

Der Schalthebelbalg war stets anthrazitfarben, bei Kleinbus und Samba ab August 1965 jedoch grauschwarz.

Die Innentürgriffe waren bis 16. März 1960 (584 674) verchromt, dann waren sie – außer bei Kleinbus und Samba – aus silberbeigefarbenem Kunststoff. Ab August 1965 hatte auch der Kleinbus Kunststofftürgriffe.

Regler für Licht, Scheibenwischer, Heizung etc. waren bis 1963 schwarz (bei Kleinbus und Samba elfenbeinfarben), dann silberbeige, bevor im August 1965 schwarze Gummiknöpfe eingeführt wurden.

Innenverkleidungen waren bei Kastenwagen, Kombi und Pritschenwagen schwarz, ab 1958 perlgrau; lediglich der Krankenwagen blieb meist beim Schwarz. Gittergrau folgte im August 1964. Von 1955 bis '58 waren Verkleidungen in Kleinbus und Samba hellbraun, außer bei sandgrünen Kleinbussen.

Zweifarbige Innenverkleidungen mit Chromstreifen kamen ab 1958 in Kleinbus und Samba, und zwar mit folgenden Kombinationen: lindenbaumbeige/karamellbraun (76), dunkelgrau/blaugrau (77), silberbeige/basaltgrau (75 und 80), phosphor/comogrün (81), gittergrau/grau (83), aeropapyrusweiß/stahlgrau (72), gitterplatin/silberplatin (70), aerobalear/sienabeige (71)

Die Sitze waren bis 1958 schwarz gepolstert, dann grau für den Gewerbeeinsatz, oft wurden Bezüge wie für Kleinbus und Samba bestellt.

Der Dachhimmel war leuchtendbeige oder von 1958 bis '64 silberbeige, bei Fahrzeugen in türkis/blauweiß jedoch bis 1963 eisblau und dann blauweiß, zu mausgrau/perlweiß jedoch perlweiß und zu siegellackrot/beigegrau leuchtendgrau, jeweils ab August 1963. Ab 1964 war der Dachhimmel blauweiß oder leuchtendgrau.

Der Unterboden war gewöhnlich in Karosseriefarbe lackiert, erscheint aber oft heller wegen des Auftrags auf die Grundierung oder wegen einer dünneren Lackschicht. Ein Unterbodenschutz wurde, falls erforderlich, vom Händler aufgetragen.

Lackcodes

Die deutschen Lackierungen und die üblichen Übersetzungen ins Englische lesen sich – einschließlich Innenfarben – wie folgt:

L21	Perlgrau	Pearl Grey
L22	Mittelgrau	Medium Grey
L23	Silbergrau	Silver Grey
L28	Grau	Grey
L31	Taubenblau	Dove Blue
L37	Mittelblau	Mid Blue
L41	Schwarz	Black
L53	Siegellackrot	Sealing Wax Red
L59	Kirschrot	Cherry Red
L62	Elfenbein (>64)	Ivory White
L63	Postgelb	Post Office Yellow
L70	Grausilber (>66)	Grey Silver
L73	Kastanienbraun	Chestnut Brown
L75	Hellbeige	Light Beige
L76	Braunbeige	Brown Beige
L80	Weissgrau	Grey White
L82	Silberweiss	Silver White
L84	Weiss	White
L87	Perlweiss	Pearl White
L221	Steingrau	Stone Grey
L249	Taubengrau	Dove Grey
L260	Sandgrau	Sand Grey
L282	Lotosweiss	Lotus White
L289	Blauweiss	Blue White
L311	Sandgrün	Sand Green
L312	Palmgrün	Palm Green
L325	Mausgrau	Mouse Grey
L345	Lichtgrau	Light Grey
L346	Mangogrün	Mango Green
L347	Möwengrau	Seagull Grey
L360	Seeblau	Sea Blue
L380	Türkis	Turquoise
L456	Rubin	Ruby Red
L466	Silberbeige	Silver Beige
L471	Steinbeige	Stone Beige
L472	Beigegrau	Beige Grey
L512	Samtgrün	Velvet Green
L528	Grau	Grey
L555	Tizianrot	Titian Red
L567	Elfenbein	Ivory White
L680	Kumulusweis	Cumulus White
L693	Grausilber	Grey Silver

Lackcodes für Westfalia- und andere Sonderfahrzeuge

1959–1963

Vor 1963 wurde der Lack für von einem Karosseriebauer bearbeitete Bullis mit einem Code bestellt, vor dem das Kürzel SK steht. Dies kann Sonderkombination bedeuten, aber einer anderen Theorie zufolge könnte es sich auch um einen Sonder-Kunstharzlack für derartige Fahrzeuge handeln. Bei Sonderlackierung wurden Chrom-Radkappen verwendet. Bei Westfalia-Campingwagen gab es auch spezielle Farben im Innenraum. Im Einzelnen:

SK 645C	Siegellackrot/Beigegrau
SK 654E	Siegellackrot
SK 688	Feuerwehrrot
SK 691D	Taubenblau für Westfalia-Campingwagen
SK 693	Mangogrün/Möwengrau
SK 1022	Mausgrau/Perlweiß
SK 1023	Türkis/Blauweiß
SK 1024	Canada Bell Green
SK 1025C	Norwegisches Armeegrün
SK 1032	Taubenblau
SK 1033	Hellgrau
SK 1049	Rubinrot
SK 1050	Türkis
SK 1051	Perlweiß
SK 1059	Sonderaufdruck mit Händlerlogo

1963–67

Ab der Umstellung auf Lackcodes anstelle von Namen und Abkürzungen änderten sich auch die Bezeichnungen für die Sonderkarosseriefarben. Das galt auch für öffentliche Dienstfahrzeuge in der jeweils erforderlichen Erkennungsfarbe. Dem Code ist eine 5 mit der zweistelligen Modellnummer vorangestellt, z. B. 522 für einen Kleinbus zum Export. Die letzten drei Ziffern bezeichnen die Lackierung nach folgendem Schema:

308	Siegellackrot/Beigegrau
316	Rubinrot
319	Tizianrot/Beigegrau
320	Tizianrot/Beigegrau
506	Taubenblau
537	Seeblau/Kumulusweiß
538	Seeblau/Kumulusweiß
642	Samtgrün
653	Samtgrün/Perlweiß
703	Hellgrau
907	Perlweiß

Lackierungen für den Öffentlichen Dienst

001 (RAL 9005)	Schwarz
115 (RAL 1014)	Elfenbein (z. B. für Krankenwagen)
200 (RAL 2000)	Orange (z. B. Flughafenfahrzeug)
300 (RAL 3000)	Rot (z. B. Feuerwehr)
614 (RAL 6009)	Grün (Polizei)
706 (RAL 7005)	Grau (Blutspendedienst)
726 (L342562)	Mattoliv (Militär)
904 (RAL 9002)	Weiß (Polizei)

Lackierungen für ausländisches Militär

Unter den Sonderfarben für ausländisches Militär findet man:

609	Militärgrün der Niederlande
625	Olivgrün
627	Militärgrün der Schweiz
628	Olivgrün

Die Schweizer Armee verwendete auch ein Grau, Schattenschwarz genannt, codiert als GRD M032174.

8 Bulli-Exporte

Das M-Schild enthält einen Code für den Ort, an den das Werk den Wagen zu liefern hatte, beim Export also einen Hafen, einen Bahnhof oder eine Stadt. Bei den für den deutschen Markt bestimmten Fahrzeugen entfiel dieser Code. Aus diesen Codes ergeben sich folgende Zielmärkte:

Exportcodes und Zielmärkte

AA = Afghanistan
AB = Australien (Brisbane)
AD = Andorra
AE = Australien (Adelaide)
AF = Australien (Freemantle)
AG = Ägypten
AH = Australien (Hobart)
AJ = Angola (Luanda)
AK = Ägypten (Hafen Djibouti)
AL = Algerien
AM = Australien (Melbourne)
AN = Angola
AO = Angola (Lobito)
AP = Australien (Perth)
AR = Argentinien
AS = Australien (Sydney)
AT = Äthiopien
AU = Australien
AZ = Albanien

BA = British Aden
BB = Belgien (Brüssel)
BD = Burundi
BE = Belgien
BG = Bulgarien
BH = Bahrain
BK = Republik Kongo
BL = Belgien (Lüttich)
BM = Bermuda
BN = Britisch-Neuguinea
BO = Bolivien
BP = Papua
BR = Brasilien
BS = Solomon-Inseln
BU = Burma
BW = Samoa
BX = Belgien (Reserve)

CE = Ceylon
CH = Chile
CK = Zaire (Kinshasa)
CS = Tschechoslowakei
CY = Zypern

DA = Dänemark (Aarhus, später Kopenhagen)
DK = Dänemark, Kopenhagen
DO = Dänemark, Odense

EB = Großbritannien (Belfast)
EL = Großbritannien (Leith)
EN = Großbritannien (Ramsgate)
EP = Großbritannien (Ramsgate)
ER = Eritrea
EU = Großbritannien (Reserve)

F = Frankreich
FA = Elfenbeinküste (Abidjan)
FB = Republik Gabun (Libreville)
FC = Guinea, Conakry
FD = Kamerun
FF = Finnland (Reserve)
FJ = Finnland

FK = Senegal (Dakar)
FL = Togo (Lomé)
FN = Kongo (Pointe-Noire)
FO = Republik Dahomey (Coronou)
FR = Frankreich
FT = Tschad
FU = Frankreich (Reserve)
FV = Obervolta
FW = Sudan
FY = Niger
FZ = Fidschi-Inseln

GA = Gambia
GH = Ghana
GJ = Gibraltar
GM = Guam
GR = Griechenland
GS = Griechenland (Saloniki)
GZ = Gaza

HG = Hongkong
HO = Niederlande
HU = Niederlande (Reserve)

JA = Japan (Okinawa)
JB = Italien (Bologna)
JC = Italien (Carimate)
JD = Indonesien
JE = Indonesien
JG = Japan (Nagoya)
JJ = Indien
JK = Irak
JL = Israel
JM = Somalia
JN = Iran
JO = Jordanien
JP = Japan (Kobe)
JR = Irland
JS = Island
JT = Italien (Turin)
JV = Italien (Verona)
JW = Indonesien
JX = Indonesien
JY = Japan (Yokohama)

KA = Kanada (Toronto)
KB = Kambodscha
KC = Kanada (Churchill, Manitoba)
KE = Kenia
KF = Äquatorial-Guinea
KH = Kanada (Halifax)
KJ = Kanarische Inseln
KM = Kanada (Montreal)
KN = Kanada (St. John, New Brunswick)
KO = Kolumbien
KP = Kanada, Prärie-Region
KQ = Kanada (Quebec)
KR = Korea
KS = Kanada (St. John)
KT = Kanada (Toronto)
KU = Kuwait
KV = Kanada (Vancouver)

LB = Libyen (Bengasi)
LJ = Libanon
LN = Liberia
LU = Luxemburg
LY = Libyen (Tripolis)

MA = Malta
MB = Mosambik (Beira)
MC = Malaysia (Kuching)
MD = Madagaskar
ME = Mexiko
MF = Malaysia (Kuala Belait)
MG = Malaysia (Penang)
MJ = Malaysia (Jesselton)
MK = Marokko (Casablanca)
ML = Malaysia (Kuala Lumpur)
MM = Singapur
MN = Mosambik (Nacala)
MO = Mosambik
MP = Mosambik (Porto Amelia)
MQ = Mosambik (Quelimone)
MR = Malaysia (Sandakan)
MS = Mauritius
MT = Malaysia (Tawau)
MW = Malawi
MX = Mexiko (Veracruz)
MY = Singapur

ND = Neuseeland
NE = Nepal
NH = Neue Hebriden
NJ = Nigeria
NK = Neukaledonien
NO = Norwegen (Oslo)
NN = Norwegen (Reserve)
NP = Nigeria (Port Harcourt)
NS = Neuseeland

OA = Südostasien inkl. Pakistan, Nepal und Südpazifik
OE = Europa (Internationale Organisationen)
OF = Afrika, Nahost inkl. Iran und Afghanistan
OL = Mittel- und Südamerika, Karibik
ON = Nordamerika
OR = Österreich (Salzburg)
OS = Österreich (Sparer)
OU = Österreich (Reserve)
OW = Österreich (Wien)

PA = Panama
PC = Pakistan (Chittagong)
PD = Philippinen
PE = Peru
PF = Portugal (Funchal, Madeira)
PG = Paraguay
PI = Portugal (Lissabon)
PK = Panama (Kanalzone)
PL = Polen
PM = Philippinen
PN = Pakistan
PO = Portugal (Odirelas)
PP = Portugal (Porto Douro)
PR = Puerto Rico
PS = Portugal (Setubal)
PT = Kanada (St. Thomas)
PX = Karibik (St. Croix)
PZ = Peru

QA = Katar (Abu Dhabi)
QD = Katar (Dubai)

RE = Réunion

RH = Rhodesien (Beira)

RN = Njassaland

RS = Rhodesien (Lourencio Marques)

RU = Rumänien

RW = Ruanda

SA = Saudi-Arabien-Ost (Dammam)

SB = Spanien (Bilbao)

SC = Spanisch-Marokko (Ceuta)

SD = Schweden – Süden

SE = Schweiz (Reserve)

SF = Südafrika

SH = Schweiz (Birrfeld)

SJ = Spanien (Irun)

SL = Sierra Leone

SM = Spanisch-Marokko (Melilla)

SN = Schweden – Norden

SO = UdSSR

SP = Spanien (Cadiz)

SR = Schweden (Reserve)

ST = Spanisch-Marokko (Tetuan)

SU = Sudan

SV = Schweden – Westen

SW = Saudi-Arabien-West (Dschidda)

SX = Saudi-Arabien-West (Dammam)

SY = Syrien

SZ = Schweiz

TA = Marokko (Tanger)

TE = Touristen-Programm Europa

TG = Tansania (Tanga)

TH = Thailand

TJ = Tahiti

TK = Türkei

TL = Thailand und Laos

TN = Tunesien

TR = Transitverkauf

TS = Tansania (Daressalam)

TU = Tunesien

TW = Taiwan

TX = Touristen-Programm Europa

TZ = Tansania (Sansibar)

UA = USA (Los Angeles)

UB = USA (Baltimore, später Columbus; auch Boston)

UC = USA (Chicago)

UD = USA (Philadelphia, auch Baltimore)

UF = USA (San Francisco)

UG = USA (Duluth)

UH = SA (Houston, später San Antonio)

UJ = USA (Jacksonville, auch Honolulu)

UK = USA (Reserve)

UL = USA (St. Louis)

UM = USA (Miami)

UN = USA (New York)

UO = USA (New Orleans)

UP = USA (Portland)

UQ = USA (Personal VW of America)

UR = USA (Reserve)

US = USA (Seattle)

UT = USA (Touristen-Programm)

UU = USA (Honolulu, später Hawaii)

UV = USA (Boston)

UW = USA (Washington)

UX = USA (Houston/San Antonio)

UX = USA (Touristen-Programm)

UY = USA (Grand Rapids)

ZU = USA (Charleston)

VE = Venezuela

VG = Uganda

VJ = Vietnam

VN = Ungarn

VR = Uruguay

VZ = Venezuela

XB = Belgien

XD = Dänemark (Kopenhagen)

XE = Großbritannien (via Ostende)

XF = Frankreich

XG = Griechenland

XH = Niederlande

XJ = Italien

XL = Luxemburg

XN = Norwegen

XO = Österreich

XP = Spanien (Transit Cadiz)

XS = Schweiz

YB = Jugoslawien (Belgrad)

YD = Dänemark (Odense)

YE = Jemen

YF = Finnland

YG = Griechenland (Saloniki)

YJ = Island

YK = Jugoslawien (Skopje)

YL = Jugoslawien (Ljubljana)

YM = Jugoslawien (Mostar)

YN = Jugoslawien (Novi Sad)

YO = Jugoslawien (Sarajewo)

YP = Spanien, Transit Iran

YR = Jugoslawien (Rijeka)

YS = Schweiz

YT = Jugoslawien (Split)

YZ = Jugoslawien (Zagreb)

ZA = Mittelamerika

ZB = Sambia (Beira)

ZJ = Irland

ZM = Sambia (Lourencio Marques)

Tabelle 7: Exportzahlen 1950 bis 1954 nach Zielmärkten

Land	1950	1951	1952	1953	1954
Aden	-	-	-	3	9
Ägypten	-	40	22	29	94
Algerien	-	-	5	5	11
Andorra	-	-	-	1	2
Argentinien	-	15	105	-	-
Äthiopien	-	6	41	88	160
Australien	-	-	-	4	701
Barbados	-	-	-	-	3
Belgien und Belgisch-Kongo	523	9	1771	1841	2956
Brasilien	302	97	495	42	295
Britisch-Neuguinea	-	-	-	-	8
Burma	-	-	-	75	136
Ceylon	-	-	-	42	79
Chile	-	5	141	83	23
Costa Rica	-	-	13	2	3
Curaçao	-	-	-	10	7
Dänemark	25	151	548	1746	1806
Dominikanische Republik	-	-	-	11	2
Ecuador	-	-	4	20	23
El Salvador	-	-	-	2	33
Eritrea	-	-	10	28	62
Finnland	1	129	161	14	61
Frankreich	-	52	50	55	72
Französisch-Marokko/Tanger	-	67	121	175	163
Französisch-Westafrika	-	-	-	1	2
Goldküste	-	-	-	140	3
Griechenland	-	-	-	27	47
Großbritannien	-	-	-	1	786
Guam	-	-	-	-	5
Guatemala	-	-	-	11	16
Hafen Ostafrika	-	-	28	54	85
Hafen Westafrika	-	-	1	79	79
Haiti	-	-	-	-	5
Honduras	-	-	-	5	44
Hongkong	-	-	-	12	88
Indonesien	-	-	108	283	14
Irak	-	-	-	17	46
Iran	-	-	-	59	99
Irland	-	33	177	242	26
Island	-	-	-	-	13
Italien	-	11	111	154	18
Italien (Triest)	-	-	-	2	-
Jamaika	-	-	-	-	11
Japan	-	-	-	9	2
Jordanien	-	-	-	-	32
Jugoslawien	-	-	-	15	25
Kanada	-	-	110	696	730
Kanarische Inseln	-	-	-	3	11
Kenia	-	-	77	37	48
Kolumbien	-	-	213	406	265
Kuba	-	-	13	30	143
Kuwait	-	-	-	-	22
Libanon	-	-	-	22	29
Liberia	-	-	-	9	17
Libyen	-	-	-	21	45
Luxemburg	28	28	58	57	63
Malaya	-	-	-	-	66

Land	1950	1951	1952	1953	1954
Malta	-	-	1	6	18
Mexiko	-	-	-	-	218
Neukaledonien	-	-	-	-	1
Neuseeland	-	-	-	-	575
Nicaragua	-	-	-	-	7
Niederlande	180	99	341	1406	2919
Niederländisch-Guyana	-	-	-	9	8
Niederländisch-Neuguinea	-	-	-	-	7
Nigeria	-	-	-	54	159
Norwegen	-	59	536	761	514
Österreich	22	77	221	813	2022
Pakistan	-	-	-	1	35
Panama	-	-	-	12	1
Peru	-	65	28	32	39
Portugal	94	125	211	284	302
Puerto Rico	-	-	-	-	15
Réunion	-	-	-	-	2
Rhodesien	-	-	-	-	121
Saargebiet	10	90	38	22	25
Schweden	142	647	941	1310	2318
Schweiz	237	605	794	1384	1380
Spanien	-	-	134	8	20
Spanisch-Guinea	-	-	-	-	3
Spanisch-Marokko	-	3	3	7	28
Sudan	-	-	-	38	20
Südafrika	-	-	24	6	38
Syrien	-	-	-	21	51
Tanganjika	-	-	-	-	26
Thailand	-	-	-	137	57
Trinidad	-	-	-	-	7
Türkei	-	111	224	112	37
Tunesien	-	-	-	4	20
Uganda	-	-	-	-	57
Uruguay	5	1		-	26
USA	2	50	93	75	827
Venezuela	-	-	44	29	22
Zypern	-	-	-	-	3
Indirekte Exporte	-	9	38	73	87
Summe	**1571**	**2584**	**8054**	**13.279**	**22.199**

Tabelle 8: Exporte nach Großbritannien und USA

	Großbritannien	USA
1950	–	2
1951	–	50
1952	–	93
1953	1	75
1954	786	827
1955	1054	3189
1956	1181	7375
1957	1272	19.118
1958	1324	25.036

	Großbritannien	USA
1959	1242	32.133
1960	3029	35.697
1961	2929	22.754
1962	3039	32.514
1963	3488	39.383
1964	3800	41.051
1965	2999	34.054
1966	3251	40.198
1967	3538	29.049

9 Auslandsmontage

Australische Bullis

Der erste Bulli kam 1953 nach Australien, drei weitere folgten noch im gleichen Jahr. Im Jahr darauf wurden daraus schon 701 Exemplare. Importeur war damals die Firma Regent Motors (Holdings) Ltd., ihr Tochterunternehmen Spencer Motors der Haupthändler mit der Aufgabe, in allen australischen Ländern ein Vertriebsnetz aufzubauen. Regent Motors einigte sich mit der Karosseriebaufirma Martin & Kings P/L außerdem darauf, in deren vor den Toren Melbournes gelegenem Werk Clayton, Victoria, neben der Fertigung von Eisenbahnwaggons auch Bullis aus von Wolfsburg herangeschafften Bausätzen zu montieren. Die Montage von Bulli und Käfer begann im Juni 1954 und ergab im gleichen Jahr eine Gesamtstückzahl von 1385 Fahrzeugen.

1958 wurde zwecks Kapazitätserweiterung, zur Befriedigung der Nachfrage und zur Kostensenkung die Volkswagen Australasia gegründet, an der das Volkswagenwerk 51 % hielt. Sie kaufte das Werk Clayton auf. Zunächst baute man weiterhin die aus Deutschland kommenden Bausätze zusammen, doch 1961 entstand eine eigene Karosseriewerkstatt.

Inzwischen war die Fertigungskapazität der Nachfrage aus Australien und dem südpazifischen Raum (dazu gehörten insbesondere Neuguinea, die Fidschi-Inseln, West-Samoa und die Salomonen) angeglichen worden. Bausätze und Ersatzteile wurden auch nach Neuseeland weitergeleitet.

An Transportern entstanden von 1955 bis 1961:

1955	546
1956	2989
1957	3072
1958	2895
1959	3255
1960	3944
1961	2549

1960/61 wurde eine Karosseriewerkstatt mit großen Blechpressen eingerichtet, die nun die Karosseriebleche vor Ort herstellte. Das Werkzeug für die Herstellung des Bulli-Dachs war seinerzeit die größte Blechpresse, die Blechverarbeitung die drittgrößte in ganz Australien.

1964 übernahm das Volkswagenwerk die restlichen Unternehmensanteile und investierte kräftig, um die Fertigungstiefe zu vergrößern. Das nun VW Australasia Ltd genannte Unternehmen stand somit im Alleinbesitz des Volkswagenwerks. Bis 1967 war aus dem Werk Clayton ein weitgehend selbstständiges Autowerk geworden mit eigener Gießerei, moderner Lackierwerkstatt, Motoren-, Getriebe- und Vorderachsbau etc.

Schon ab 1955 suchte VW Bauteile aus australischer Produktion. Bis 1967 erreichte der lokale Fertigungsanteil beim Bulli 40, beim Käfer sogar 90 Prozent. Mehr als 1500 australische Unternehmen waren Lieferanten von VW. Um den Qualitätsruf der Marke zu sichern, waren 10 Prozent der Belegschaft in Qualitätssicherung, Forschung und Inspektion beschäftigt. Es gab mehr Qualitätssicherungspersonal als Fahrzeuge am Tag hergestellt wurden, hob Volkswagen stolz hervor. So findet man auf vielen australischen Zulieferteilen das VW-Känguruh-Zeichen, z. B. an Sicherheitsgurten, Stoßdämpfern, Auspuffen etc. Diese waren Original-VW-Teile mit entsprechender Garantie.

THINK BIG ..... WHEN PLANNING YOUR SALES CAMPAIGN FOR CV's

BIG NAMES

CHOOSE VW

1. KNOW THE PRODUCT (YOURS AND HIS).

Selling the right vehicle for the right job is the secret of successful CV Salesmen. This requires expert knowledge of your product, and sound knowledge of the prospect's product.

Product knowledge is golden — get it, keep it, and use it.

Talk facts, but know what you are talking about.

The Service Manager may answer the technical questions, but he can't tell you the G.V.W. of a Van, the tray width of a Pickup, nor the luggage space in a Microbus. This is basic information you must know.

Don't talk payload — talk in terms of how many egg crates, how many shoe boxes, how many T.V. cartons . . . etc.

2. SELL BY DEMONSTRATION.

Don't sell the product — sell it's application. You'll never do this from a catalogue, or in the sales office.

Demonstration is the oldest selling method, and nobody has figured a better one.

Have the full range available for immediate demonstration, or at least ensure the best-seller in your territory is always ready for the road.

The customer is not interested in style or chrome-work — get him into the vehicle and demonstrate how it can really work for him. Pulling power, handling ease, etc.

Do a run with his own goods — demonstrate the wide opening side doors, the low loading level, the drop sides.

Better still, lend him the vehicle for a few days and let him see for himself.

3. SELL BY VOCATIONS.

Sort out the market and approach your prospects systematically.

Analyse their buying habits — the time to approach is when they are buying.

Decide which of the range is best suited to their needs. Don't waste your time and theirs trying to sell Pickups to Bakers or Vans to Plumbers.

Make full use of classified directories, pink pages, trade journals. These are ready made prospect systems.

4. TRADING FOR PROFIT.

A good CV Salesman is also a good CV buyer. Don't be frightened trade, but be cautious.

Profit for the customer is almost certain profit for you "if you plan replacement at the most appropriate time. Steer him out of the old into the new — the right time for him is certainly not too early for you.

Every used CV owner is a new CV prospect, but finding the used before they are too old, the old before they are bombs, and the bombs before they are junk, is your measure of profitability.

Die in Clayton in Serie gebauten Fahrzeuge unterschieden sich in manchem Detail von den Hannoveraner Geschwistern. Auffälligster Unterschied ist die Anordnung der Lüftungsschlitze hinter den Seitenfenstern – ein Zugeständnis an das heiß-staubige Klima Australiens. Sie wurden 1961/62 eingeführt, als die neue Karosseriewerkstatt in Betrieb ging.

1966 wurde eine zweite Reihe Lüftungsschlitze hinzugefügt. Die aus Hannover zugelieferten Karosseriebleche hatten die Lüftungsschlitze stets unter der Gürtellinie.

Die Fahrgestellnummer ist im Motorraum nach links vom Gebläsegehäuse schauend eingeprägt, nicht rechts. Es fehlt das Typschild auf dem Gebläsekasten ebenso wie das M-Schild an der Trennwand. Stattdessen sind auf einem Schild dort lediglich die Fahrgestellnummer, das Gesamtgewicht in Pfund und die zulässige Last für Vorder- und Hinterachse angegeben. Teile aus australischer Fertigung sind als solche gekennzeichnet, die Scheiben beispielsweise durch ein A hinter dem VW-Zeichen, wenn auch nicht an jeder Scheibe. Die Schrauben zur Befestigung der Sicherheitsgurte haben manchmal die Umrisse Australiens auf dem Kopf abgebildet, und andere Teile wie Auspuff und Anlasser tragen das VW-Zeichen mit einem Känguru auf jeder Seite.

Alle T1 australischer Fertigung haben 15-Zoll-Räder, auch wenn die Hannoveraner 1963 auf 14 Zoll übergingen, und 6-Volt-Anlagen; lediglich einige letzte Exemplare von 1967 warten mit 12 Volt auf.

Clayton bot das gesamte Bulli-Programm an, und die alljährliche Modellpflege wurde mit zwei oder drei Monaten Verspätung nachgeholt. Wegen zunehmender bürokratischer Hindernisse und Betriebsverluste hörte die eigenständige Produktion Anfang 1968 auf; das Werk kehrte zur reinen Montage von Bausätzen aus Hannover und Wolfsburg zurück; es nannte sich nun Motor Producer.

Australische Camping-Umbauten auf Basis des Kombis wurden in den meisten Staaten dort durch Privatfirmen angeboten, meist eng an den Umbau von Westfalia angelehnt. Ungefähr 55.000 T1 liefen in Clayton vom Band, wobei der Kombi die beliebteste Ausführung bei Kleinunternehmern, Flottenkäufern und Campingmobil-Bauern war. Noch heute steht das Wort Kombi in Australien für den T1 insgesamt.

Gewerbliche Nutzung

Der Bulli war in Australien bei den Betreibern großer Fahrzeugflotten sehr beliebt, z. B. bei Post Master General, Snowy Mountain Authority, Tasmanian Hydro Electricity Scheme, Australian Armed Services, Qantas Airways, H.G. Palmer Electrical und Rothman Cigarettes. Viele ländliche Regionen nutzten komplett eingerichtete aus Deutschland importierte T1-Krankenwagen, z. B. Tasmanien.

Australische Sondermodelle

1965/66 entstand im Werk Clayton eine Abteilung zur Herstellung von Karosserie-Sonderversionen für Australien. Besonders bekannt wurde das spezielle Hochdach-Modell. Anstelle des normalen Dachs war ein deutlich höheres eingebaut, mit zwei Verstärkungsstreben in Bogenform in der so entstandenen Öffnung. Das Dach war ca. 50 cm höher, sodass eine Durchschnittsperson darunter aufrecht stehen konnte. Die Ladetüren blieben unverändert. Es gab auch einen Pritschenwagen mit Einzelkabine und isoliertem Ladekasten für Eis-, Fisch- und Fleischhändler.

Sonderausstattungen

Australische Bullis hatten mit extremer Hitze und Staub zu kämpfen. Viele Straßen in Australien waren (und sind) unbefestigt. Für den Bulli mit seinem luftgekühlten, weit im Heck hinter den staubaufwirbelnden Rädern untergebrachten Motor war das kein günstiger Umstand – Überhitzung und Motorschäden waren die unvermeidliche Folge. Um des Problems Herr zu werden, ließen viele Kunden durch ihre Händler eine Art Schnorchel von den oberen Karosserieblechen an den Lufteinlässen einbauen und mittels eines großen Schlauchs mit den Luftfiltern verbinden. Viele Bullis erhielten auch den größeren Ölbadluftfilter (M156) oder den Zentrifugal-Luftfilter (M155).

Es gab auch einen großen Papierkartuschen-Luftfilter, „Donaldson" genannt, der als offizieller Umrüstsatz beim VW-Händler erhältlich war. Am

3. Juli 1962 wurde der Papierfilter im Metallgehäuse am Bogenstück für alle australischen T1 serienmäßig. Damit entfielen das Vorheizventil und sein Schlauch; der Anschluss dafür vorn im Heizkasten und im vorderen Motordeckel wurde mit einem Metallstopfen verschlossen. Die Tankklappe erhielt eine zusätzliche Dichtung zum Schutz vor eindringendem Staub.

VW Australasia reagierte auch beim meistgeschundenen T1, dem Pritschenwagen, rasch auf das Staubproblem und sah eine Luftansaugung vom meist staubfreien Fahrzeugbug her vor. Dazu brauchte man nur die Mehrausstattung M04 aus Hannover zu nutzen, die beim australischen Pritschenwagen ab 1962 serienmäßig an Bord war.

Dieses Bauteil bestand aus einer zweischichtigen Dachhaut über der Einzelkabine. Zwischen den beiden Schichten gelangte Frischluft durch den Einlass über der Windschutzscheibe, der vom Einlass zur Innenbelüftung getrennt war, hinter der Kabine herunter und direkt unter der Ladefläche zum Motor – Staub und Überhitzung waren damit kein Problem mehr. Man erkennt diese Pritschenwagen an der stärker gewölbten Dachhaut sowie dem Fehlen von Lüftungsschlitzen am Heck.

Kombi von 1967

Dieses gepflegte Exemplar gehört Ray und Margaret Ashcroft. Es handelt sich um einen sehr späten T1 vom Juni 1967 mit Fahrgestellnummer 237 137 752. Das Fahrzeug kam schon 1994 nach England, und zwei Jahre später kauften die Ashcrofts es auf dem Vanfest wegen seiner ungewöhnlichen Details, z. B. der zwei Reihen Luftschlitze hinten. Dachhimmel und Rücksitzbänke fehlten, offenbar schon seit der Herstellung. Einige lose Devon-Einbauteile waren vorhanden, ohne fest montiert worden zu sein. Ashcroft baute einen Einbausatz von Canterbury Pitt aus seinem anderen Camper ein und erwarb aus einem Schrottfahrzeug einen Dachhimmel. Die schräg endenden Stoßstangen, die in Australien bis Produktionsende beibehalten wurden, ersetzte er durch pfeilförmig endende US-Stoßstangen mit Hörnern und Schutzleisten. Der Bulli zeigt, dass in Australien Teile früher Bullis noch lange beibehalten wurden: Die 15 statt 14 Zoll großen Räder, der Abblendschalter im Fußraum, während der übliche Lenkstockhebel dem Blinken diente, die Zug- statt Drehknöpfe an der Armaturentafel und schließlich die 6-Volt-Anlage. Interessant ist der größere, aber ab Werk montierte Waschwasserbehälter (M27).

Bullis aus Brasilien

Zwischen 1950 und 1954 wurden 831 Bullis nach Brasilien importiert. VW do Brazil begann mit der Montage von Bausätzen in ihrem Werk Rua do Manifesto am 23. März 1953 und stellte rund fünf Bullis pro Tag her. Von den 2820 im ersten Jahr entstandenen Bullis waren 552 Kombis.

1956 zog die Fertigung 23 km südlich ins Werk Via Anchieta. Volkswagen zielte nicht auf eine Produktionserweiterung, sah aber seinen Auftrag im Rahmen der Entwicklungshilfe und unterstützte die brasilianische Regierung beim Aufbau einer leistungsfähigen Automobilproduktion. Der Bau dieses Werks war für das Land ein wichtiger Schritt auf diesem Weg; die Regierung sah die Wiederbelebung des Volkswagenwerks Wolfsburg nach dem Zweiten Weltkrieg als anspornendes Beispiel. Man zweifelte zwar, ob der kleine Volkswagen den Belastungen durch die schlechten Straßen Brasiliens überhaupt gewachsen wäre, doch diese Zweifel zerstreuten sich rasch.

Am 2. September 1957 rollte der erste Kombi mit brasilianischem Fertigungsanteil von 50 Prozent vom Band und führte einen Nachfrageschub herbei. 1959 scheint man bei einer Tagesfertigung von ca. 71 Bullis angekommen zu sein; in dem Jahr wurde dort mit 8383 Bullis die Fertigungszahl des Käfers von 8445 Exemplaren fast erreicht. Im ersten Jahr konnte VW do Brazil nur auf 21 Händler zurückgreifen; 1959 war man bereits bei 134 angekommen, 1962 bei 250. Am 18. November 1959 nahm Heinrich Nordhoff neben dem Staatspräsidenten, einigen Ministern, Kirchenvertretern und Militärgrößen an einer wichtigen Einweihung in Sao Paolo teil. Die Fabrik hatte nun ein Presswerk, separate Hallen für Montage, Motorenbau und Verchromung erhalten. Professor Nordhoff wurde mit dem „Cruzeiro do Sol" ausgezeichnet, der höchsten brasilianischen Auszeichnung überhaupt, als Dank für all das, was VW für die Entwicklung der brasilianischen Wirtschaft geleistet hatte. Am 28. Dezember 1960 entstand der 50.000. Bulli in Brasilien!

1961 hatte sich die Käfer-Produktion mit 31.025 Exemplaren im Vergleich zu 1959 fast verdreifacht, die des Bullis mit 16.315 Stück fast verdoppelt. Die Tageskapazität lag bei ungefähr 200 Exemplaren.

Die Gesamtproduktion von Kombi und Pritschenwagen betrug:

Jahr	Stück
1959	8383
1960	11.299
1961	16.315
1962	14.563
1963	14.428
1964	12.378
1965	13.114
1966	15.098
1967	21.172

1960 überlegte man sich zur Gründung der neuen Hauptstadt Brasilia ein spannendes Ereignis. Vier Gruppen Fahrzeuge machten sich aus dem Norden, Süden, Osten und Westen auf zur „Fahrt für die nationale Einheit". Als sie als erste Fahrzeuge, die die Hauptstadt auf dem Landwege erreichten, an den vier Säulen ankamen, die jede Himmelsrichtung symbolisieren, begrüßte sie der Staatspräsident. Unter diesen Fahrzeugen waren zwei Campingbullis brasilianischer Fertigung. Die Nord-Route von Belem an der Amazonas-Mündung war die schwierigste. 6000 Arbeiter waren damit beschäftigt gewesen, dem dichtesten Urwald der Welt die 495 Kilometer lange Straßenschneise abzutrotzen. Die höchsten dabei gefällten Bäume waren 68 Meter hoch; die stärksten Steigungen waren über 30 Prozent. Die für die Nord-Route zuständigen Bürokraten wollten deshalb zunächst nur Allradfahrzeuge zulassen, doch VW erhielt für seine beiden Campingwagen eine Sondererlaubnis. Es wurde mit Einsätzen bis zu 1000 DM gewettet, dass die Fahrzeuge die Strecke nicht schaffen würden. Das VW-Team nahm die Herausforderung an und kam mit den Bedingungen recht gut zurecht, auf Sand und Schlamm oft besser als mancher Jeep, der sich festgefahren hatte. Die anfängliche Skepsis wich schon bald allgemeiner Begeisterung für die Robustheit des Bullis. Mit diesem Einsatz bewältigten die beiden Camping-

Laderaumtüren vor 1955, Eckfenster vor 1963, Rückleuchten nach 1973

Stoßstangen von vor 1958, Rückleuchten von nach 1961 und Laderaumtüren von vor 1955

Laderaumtüren vor 1955, Tankklappe nach 1963 und Motorhaubengriff nach 1965

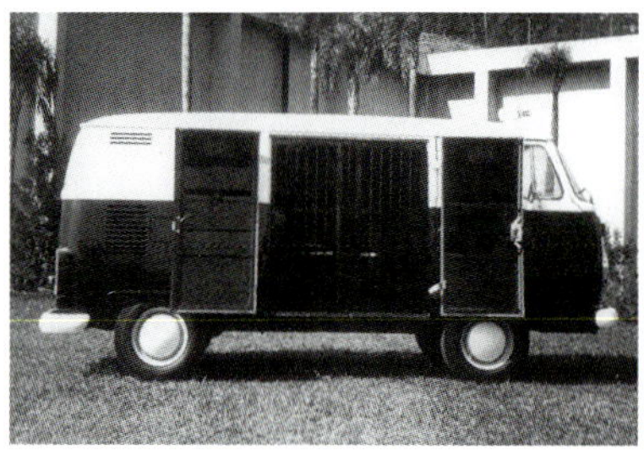

Gefangenentransportfahrzeug mit T1-Karosse und T2-Gesicht

Geprägtes VW-Zeichen und brasilianische Fischaugen-Blinker

wagen eine der härtesten Strecken, denen jemals ein Bulli irgendwo auf der Welt ausgesetzt wurde. Als die beiden auf dem Zentralplatz in Brasilia ankamen, hatten sie bewiesen, dass man mit dem Bulli überall durchkommt.

Als 1963 in Sao Paolo der Autosalon abgehalten wurde, produzierte VW allein in Brasilien mehr Autos als alle anderen Hersteller zusammen – Käfer, Karmann-Ghia und Bulli traf man auf fast jeder Straße. Stolz stellte VW nun die vor Ort hergestellten Spezialaufbauten vor, einschließlich eines Kombis mit 23 Fenstern, eines Krankenwagens, einer Feuerwehr, einer mobilen Zahnarztpraxis, einer mobilen Bibliothek, einem Kühlwagen, einem Pannenhilfe-Fahrzeug für Werkstätten und einem Campingumbau auf Basis Westfalia Camping Mosaik.

Brasilianische Bullis hatten ähnlich wie die australischen spezielle Typschilder an der Trennwand, die nur Fahrgestellnummer, zulässiges Gesamtgewicht und zulässige Achslast vorn und hinten angaben. Die vordere Trennwand ist außerdem flach. Modell- oder Modelljahrsspezifikationen gab es nicht, vielmehr mischte man Teile aus verschiedenen deutschen Varianten und Modelljahren. Aus Deutschland kamen Werkzeuge und Pressen, mit denen man zurechtkam oder sie anpasste. Beispielsweise sind die Ladetüren bei allen brasilianischen Bullis die des Modells mit der großen Motorhaube. Einziger Unterschied sind die Stifte in den Scharnieren, die anders ausgeführt sind. Es fehlt am angeschweißten Riegel zum Abschließen der Türen, sodass es einer kleinen Änderung zur Anpassung an die spätere Ausführung des Riegels bedurfte. Geriffelte Stoßstangen mit US-Hörnern wurden bis 1962 verwendet. Der Auspuff hat nur ein Endrohr. Es ist direkt am Auspuff montiert wie bei der deutschen Ausführung bis 1959. An der Heckschürze ist ein kleines Loch dafür vorgesehen. Anders als bei den deutschen Fahrzeugen war das Endstück rund und nicht oval. Auch die ab 1963 verwendeten Fischaugenblinker sind Eigenerzeugnisse ohne den eingebauten Kunststoff-Chromring, dafür aber mit einem separaten Aluring. Der 1500er-Motor wurde erst 1966 serienmäßig. Oft findet man frühe Motorhauben mit späten Zuggriffen, die offenbar bei allen Exemplaren verwendet wurden. Diese Mixturen unterschiedlichster Epochen wirken überraschend – Tankklappen zum Aufziehen (ab 1966) neben den in Deutschland schon 1963 aufgegebenen Zugtürgriffen und kleinen Heckklappen mit Fenster, 14-Zoll-Räder an Bullis mit Motorhauben Modelljahr 1958 und Haubengriffen Modelljahr 1965, ja sogar 23-Fenster-Sambas von nach 1963 sind keine Seltenheit. Die Bilder zeigen die Kombination von Teilen unterschiedlicher Baujahre.

Dieses Durcheinander blieb nach Einstellung der T1-Produktion bestehen. VW do Brasil schuf sich eine Mixtur aus T1-Karosserie (von vor 1963) und T2-Bug. Auf Basis dieser Hybride entstand in den siebziger Jahre eine komplette Reihe von SO-Versionen, einschließlich Krankenwagen, Gefangenentransporter und Taxi. Als Bausatz wurde das Modell sogar nach Südafrika exportiert.

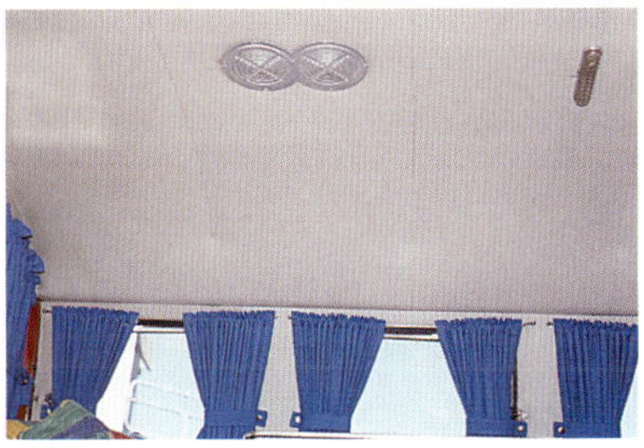

Südafrikanische Bullis

Der Export nach Südafrika begann 1952 mit 24 Exemplaren. Käfer wurden im dortigen Werk South Africa Motor Assemblers and Distributors schon seit 1951 aus Bausätzen montiert; die Firma war 1946 in Uitenhage am östlichen Kap entstanden. Dort wurden auch verschiedene Modelle anderer Hersteller montiert. Die ersten aus Bausätzen montierten Bullis entstanden 1955. Die Nachfrage für seine Modelle war so groß, dass das Volkswagenwerk 1956 die Anteilsmehrheit erwarb und dort nur noch VWs herstellen ließ. 1966 erhielt das Werk den Namen VW of South Africa. Ebenso wie die australischen sind auch die südafrikanischen Bullis Rechtslenker, und nach und nach erhöhte sich der Anteil im Land selbst hergestellter Bauteile. Bausätze kamen auch aus Brasilien, was die Vielzahl unterschiedlicher Varianten und Ausstattungen erklärt. Es gibt auch Details, die man nur an südafrikanischen Bullis findet.

Die Fahrgestellnummer steht auf einem Schild an der Trennwand, ebenso die üblichen Gewichtsangaben. Anders als bei den deutschen Bullis ist die Trennwand vorn glatt. Ein Zentrifugal-Luftfilter war meist serienmäßig. Bei manchen Doppelkabinen findet man ungewöhnliche zusätzliche Luftschächte hinten an den Seitenwänden. Sie leiten Luft von oben direkt durch Schlitze in den Motorraum. Bei den ersten Exemplaren mit dieser Veränderung war die übliche Motorraumlüftung noch vorhanden; später fehlten wie bei der australischen Ausführung die Lufteinlässe an den Seiten. Eine Besonderheit später Exemplare sind zusätzliche Rückstrahler vorn und hinten unter den Leuchten. Die Bleche dafür wurden in der werkseigenen Karosseriewerkstatt hergestellt und haben eine Vertiefung für diese Reflektoren.

Der Bulli auf der vorigen Seite stammt aus dem Jahr 1966 und zeigt einige dieser Besonderheiten, besonders die glatte Trennwand und die Rückstrahler vorn. Ab Werk war dieses Fahrzeug mit getönten Scheiben ausgestattet, die aber nach einem Glasbruch durch klares Glas ersetzt wurden. Zu den übrigen als Zubehör erhältlichen Besonderheiten gehören der Zentrifugal-Luftfilter (in heißen, staubigen Klimazonen oft serienmäßig) und die zusätzliche Entlüftung auf dem Laderaumdach. Ungewöhnliches Extra aus dem Zubehörhandel sind die zusätzlichen Lüftungsöffnungen hinten mit Chromabdeckung. Klappt man sie auf, gelangt mehr Kühlluft in den Motorraum. Der Motorhaubengriff wurde nur bis August 1966 verwendet, darunter sieht man eine eingepresste Mulde. Die Stoßstangen stammen jedoch aus dem Modelljahr 1967, und hinter den Fischaugen-Blinkern steckt noch die Form zur Aufnahme der älteren, spitzen Blinker. Die Räder messen 15 Zoll – ein weiteres Beispiel für ein Durcheinander von Teilen unterschiedlicher Varianten und Modelljahre bei in Übersee entstandenen Bullis.

Ein weiteres Extra aus dem Zubehörhandel kann man an dem rechts abgebildeten 1966er Bus sehen: Das Dach hat als zusätzlichen Hitzeschutz eine zweite Dachhaut erhalten. Man beachte auch die an der vorderen Stoßstange montierten vorderen Reflektoren des Pritschenwagens.

Obwohl der T1 bereits 1968 durch den T2 ersetzt wurde, findet man einige sehr ungewöhnliche Bausätze brasilianischer Herkunft mit Teilen beider Generationen. Diese wurden in Südafrika von 1975 bis 1978 gebaut. Sie waren dort als Fleetline mit entsprechendem Typemblem an der Heckklappe bekannt. Anfangs verwendete man T1-Karossen, und den Fleetline gab es als Kombi, Kastenwagen und Pritschenwagen. Die Aufnahmen aus Johannesburg zeigen deutlich manche ungewöhnliche Merkmale: Das VW-Zeichen ist in die Frontmaske eingeprägt, und Kastenwagen und Kombi bekamen die kleine Heckklappe des Samba von 1961/62 mit der größeren Heckscheibe. Der Kombi hat außerdem die Eckfenster des frühen Samba. Die Laderaumtüren entsprechen denen von vor 1958 mit hohen Scharnieren und ohne Griffmulden. Anfangs waren auf jeder Seite zwei Ausstellfenster darin eingebaut. Die Seitenwände des Pritschenwagens waren höher und breiter als beim originalen T1-Pritschenwagen. Alle Fleetline hatten 1600er-Motoren.

1976 bekam der Fleetline das Gesicht des T2 einschließlich der Vordertüren, Radhäuser und Armaturentafel sowie dessen Rückleuchten. Dennoch blieben die Ladetüren wie vor 1958 und die Samba-Heckklappe wie vor 1963 unverändert. Der Kombi hatte nun nur noch ein Ausstellfenster, und der Pritschenwagen erhielt die Laderaumwände der deutschen Ausführung, behielt jedoch die kleinen T1-Rückleuchten. Die Fotos unten, aufgenommen 1996 an der Grenze nach Zimbabwe, zeigen die Kastenwagenausführung dieses Modells. Ein einzelnes Fenster findet sich an jeder Seite und die Lüftungsanlage des T1 ist erweitert. Die Vorderstoßstange entspricht weder dem T1 noch dem T2 und verfügt nicht über die eingebaute Trittstufe des T2. Das VW-Zeichen ist in das Frontblech eingeprägt, und auch die vorderen Reflektoren kann man sehen. An der Samba-Heckklappe sieht man immer noch die bogenförmige Griffmulde von 1961/62. Der Fleetline wurde 1978 nach rund 5000 Exemplaren eingestellt. Er spielte die Rolle des Einstiegsmodells und diente vielleicht dem Aufbrauchen alter Karosserien, die ansonsten hätten verschrottet werden müssen. In Brasilien entstanden während der gesamten siebziger Jahre ähnliche T1-/T2-Hybriden.

Zentrifugal-Luftfilter

Sonnenschutz

Fleetline Kombi von 1976

Der hier gezeigte Bulli wurde 1976 in Uitenhage aus einem Bausatz brasilianischer Herkunft montiert. Das nun Marcus Keech gehörende Exemplar diente anfangs einer Grundschule in Johannesburg – unter der neuen Lackierung findet man noch den alten „School Bus"-Schriftzug – wurde dann aber verkauft. Der neue Besitzer machte sich mit der Stichsäge ans Werk und baute die Instrumente eines T2 ein. Die Sitze bezog er neu mit braunem Vinyl. Ein Suchscheinwerfer mit Schalter an der Armaturentafel für das Jagen im Busch wurde ergänzt, ebenso Kunststoffspiegel und große Rückleuchten.

1995 kaufte Keechs Vater den Bulli und brachte ihn nach England. Marcus Keech restaurierte das Fahrzeug umfassend einschließlich Pulverlackierung der Felgen, Erneuerung von Rückleuchten und Dachhimmel, Umbau auf T2-Hinterachse, T2-Querträger vorn, Safari-Windschutzscheiben, originalem Wärmetauscher für die Heizung, dem Getriebe eines 1303, Erneuerung des 1600er-Motors, originaler Spiegel und Halterungen, neuer Gummis, eines Campingausbaus Marke Devon von 1966 und dem Baujahr entsprechendem Kennzeichen. Geplant sind Neulackierung und Samba-Verkleidungen. Insgesamt wurden 789 Fleetline-Bullis mit dem T1-Gesicht gebaut, bevor man das des T2 übernahm – ein typisches Beispiel für das Mixen und Mischen in Südafrika mit eingeprägtem VW-Zeichen am Bug, US-Stoßstangen, früher Motorhaube mit spätem Griff, Zugtürgriffen vorn, Zünd-Lenk-Schloss, 12-Volt-Anlage, 1600er-Motor mit zwei Ansaugkanälen, Eckfenster und Heckklappe von 1961/62, VWB-Ätzung auf den Scheiben, Inspektionsöffnung über dem Tank, früher Laderaumtüren mit dem auf dem Kopf stehenden Griffen (Rechtslenker!) und seitlicher Naht auf der Fahrerseite. Alle mechanischen Teile sind mit VW/Audi-Stempel versehen. Keech vermutet, dass sein T1 der einzige in England zugelassene ist, der nicht unter die Steuerbefreiung für vor 1973 gebaute Fahrzeuge fällt.

10 Sonderausführungen

Einer der Hauptgründe für den Verkaufserfolg des Bullis sind die zahlreichen Varianten und die Sonderausführungen für spezielle Zwecke. Schon 1951 enthielt der Ersatzteilkatalog SP-Ausrüstungen (Sonder-Paket). 1961 gab es schon 130 Stück für das Basismodell, die man „à la carte" bestellen konnte. Darunter waren Leiterwagen, mobile Schweißwerkstätten, Röntgenuntersuchungsfahrzeuge, Kühlwagen, Feldküchen, mobile Melkstände, Hydraulik-Kipper, Glasscheibentransporter, Tiertransporter und ein Expeditions- bzw. Safari-Bus. Ab 1956/57 benutzte VW offiziell den Code SO, wenn Veränderungen an Fahrwerk oder Karosserie oder Ergänzungen daran erforderlich waren. Einige Umbauten erfolgten bei VW, andere bei spezialisierten Karosseriewerken. Einige Varianten, die als „SO" angefangen waren, wurden zu Serienmodellen, z. B. die Doppelkabine, die anfangs im Karosseriewerk Binz entstand.

In den Händlerkatalogen waren alle erhältlichen SO-Ausführungen aufgelistet. Sie waren im Detail beschrieben, ebenso war angegeben, wo diese Ausführungen hergestellt wurden. Ab 1964 enthielten die Kataloge für eine Reihe von „Anregungen" auch Zeichnungen und Skizzen, wenn keine Fotos verfügbar waren – so konnte der Kunde sehen, wie sich das Fahrzeug den individuellen Bedürfnissen weiter anpassen ließ. Einige dieser „Anregungen" wurden möglicherweise nie realisiert, andere mögen Einzelstücke geblieben sein. Nicht immer erhielt eine solche Abwandlung eine SO-Nummer. Beispiele sind der Schneepflug-Anbausatz, das fahrbare Kino nebst Leinwand an der Hecktür, eine fahrbare Wasserfilteranlage, der Viehtransporter und selbst eine Halbketten-Ausführung für die Beförderung der Feriengäste in den Skigebieten der Alpen. Die Händlerkataloge enthielten außerdem Einzelheiten und Kontaktdaten für andere Bulli-Umbauten wie den Frickinger-Leichenwagen.

Rettungsdienste erkannten rasch die Vielseitigkeit und Zuverlässigkeit des Bullis, sodass bald SO-Ausführungen für Polizei, Feuerwehr und Krankentransportdienste erschienen. VW stellte selbst keine Camping-Bullis her, und die Westfalia-Camper erhielten SO-Nummern, mit denen die verschiedenen Varianten auseinandergehalten werden können.

Wie bei den Serienausführungen konnte man auch für SO-Modelle Sonderausstattungen mit M-Code bestellen und damit das Fahrzeug nochmals den speziellen Anforderungen genauer anpassen. Die folgende Liste zeigt die Vielfalt der offiziellen SO-Modelle.

Ausstellungsfahrzeug auf Pritschenwagen-Basis

Tiertransporter

SO 13

Prospekt für SO 32

Prospekt für SO 2

Prospekt für SO 24 an Doppelkabine

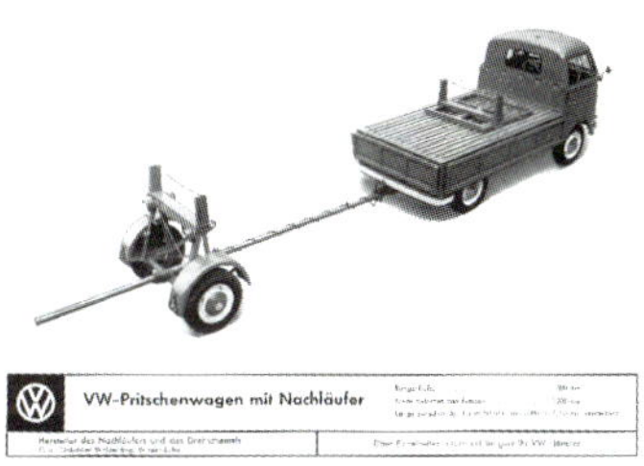

Prospekt für SO 24 an Einzelkabine

SO-Modelle

SO 1	Fahrbarer Kiosk (Westfalia)
SO 2	Fahrbarer Kiosk mit Hochdach
SO 3	Fahrbares Polizeibüro bzw. Unfallaufnahmefahrzeug
SO 4	Polizei-Unfallaufnahmefahrzeug (ab 1965)
SO 5	Kühlwagen mit 140 mm dicker Isolierung
SO 6II	Kühlwagen mit 80 mm dicker Isolierung
SO 6III	Kühlwagen für Fleischprodukte
SO 7	Kühlwarentransporter mit Gefriereinrichtung
SO 9	Pritschenwagen mit Hublift
SO 10	dito, aber kleinerer Hublift
SO 11	Pritschenwagen mit Drehleiter
SO 12	Pritschenwagen mit Rollläden statt Klappe vor dem Staufach
SO 13	Pritschenwagen mit verschließbarem Kasten auf der Ladefläche
SO 14	Pritschenwagen mit Halterung für lange Ladegüter (auch für Kombi und Kastenwagen)
SO 15	Pritschenwagen mit hydraulisch kippbarer Ladefläche
SO 16	Umbau auf Doppelkabine (Binz, 1953-59)
SO 19	Präsentationsfahrzeug
SO 21	Pritschenwagen mit breiterer Ladefläche (ab 1965)
SO 21	Kastenwagen mit variablem Regalsystem Fabrikat Wido
SO 22	Westfalia Camping-Box, später Camping-Mosaik
SO 23	Westfalia Campingwagen mit kleiner Dachluke
SO 24	Pritschenwagen mit Nachläufer für lange Transportgüter (Einzel- oder Doppelkabine)
SO 25	Pritschenwagen mit niedrigerer Ladefläche
SO 29	Krankenwagenanhänger mit Notfallausrüstung (bis 1964)
SO 29	Katastrophen- und Notfall-Einsatzfahrzeug
SO 30	Rollschlitten zum Grubenschleifkorb für Krankenwagen
SO 31	Pritschenwagen mit Heizöltank und Pumpe
SO 32	Pritschenwagen mit mittels Rollladen abschließbarem Kasten auf der Ladefläche
SO 33	Westfalia-Campingwagen mit kleiner Dachluke
SO 34	Dito, mit weißer Kunststoffausstattung
SO 35	Wie SO 33, mit Verkleidungen in dunklem Holz
SO 36	Seitlich anhebbares Dach für Typen 22 und 24
SO 42	Westfalia-Campingwagen
SO 44	Westfalia-Campingwagen mit kleinem Hubdach
SO 45	Westfalia-Campingausbau „Camping Mosaik", wie SO 42, aber mit Holzausstattung

SO 10

Taxi

Schneepflug

SO 9

Taxi-Prospekt

Fahrbare Bibliothek

SO 24 Tieflader

Verkaufswagen aus USA

Mobiles Büro

SO 25-Prospekt

Transporter für Blutproben

Pritschenwagen für Glastransport und Getränkelieferung

Vielfältige Lagermöglichkeit auf Pritschenwagen

Spezielle Regale und Lagerung

Mobile Badezimmer-Ausstellung

Milchlieferflotte mit speziellen Jalousietüren aus den frühen fünfziger Jahren

SO-Codes für Westfalia-Campingwagen

Für die Westfalia-Campingwagen wurden je nach Ausführung unterschiedliche SO-Nummern verwendet. SO 33 war beispielsweise die „nackte“ Grundausführung. Bei SO 34 waren weiße Kunststoff-Schalen und Gläser in den Regalen, eine Trinkbar mit Metallbechern und eine andere, größere Kühlbox. SO 35 entsprach SO 34, jedoch mit Verkleidungen aus dunklem Schweizer Birnbaum anstelle der hellen Birke. Die im Februar 1963 eingeführte SO 36 betraf das seitlich anhebbare Dach von Martin Walter, das besonders in England bei vielen Campingwagen-Umbauten anzutreffen war. Kombinierbar war dieses Hubdach nur mit der kleineren der beiden Markisen-Ausführungen. Deshalb bekamen Kunden mit entsprechendem Bedarf ein freistehendes Vordach, das nicht mehr am Bulli befestigt war, sodass dieser mobil blieb. SO 22 und 23 waren ab 1958/59, SO 33/34 ab 1961, SO 35/36 ab 1962 und SO 42, 44 und 45 ab 1965 im Angebot.

Zusätzlich gab es bei Westfalia Codes zur genaueren Bezeichnung der Anbauten und Innenausstattung. Anfangs waren dies:

- A33 Normale Campingausrüstung, großes Vorzelt
- B33 Dito, mit chemischem WC und Zweiflammenkocher
- D33 Wie A33, aber kleineres Vorzelt
- E33 Wie D33, mit chemischem WC und Benzinkocher

Die Campingausrüstung gab es in vier Ausführungen:

- F22 Standardausrüstung, Schlaf- und Wohnraum durch Vorhang getrennt, Kissen, Teppiche, Vorhänge
- G22 Dito, mit Garderobe, Spüle, 55-Liter-Kühlbox, Kinder-Schlafplatz und Waschbecken
- H22 Wie G22, aber kleineres Vorzelt, Dachkoje und Klapptisch an den Seitentüren
- K 22 Wie H22, aber mit großem Vorzelt, chemischem WC, elektrischer Deckenleuchte mit Kabel und Steckanschluss, drei 10-Liter-Wasserbehälter, Waschbecken

Die erste Westfalia-Camping-Box war ab 1951 erhältlich und verwandelte den unter der Woche als Lastesel tätigen Kombi in ein Wochenend-Ausflugsfahrzeug. Diese Camping-Box und ihre Nachfahren waren noch recht spartanische Angelegenheiten mit kaum mehr als Klappbett und Schrank. Die Dachluke hatte Westfalia selbst entwickelt und bot sie ab 1951 an. Hubdächer wurden 1964 angekündigt, und im Januar 1965 erschienen SO 42 und 44 damit. Auch hier gab es vier Varianten:

- A42 Standard-Ausführung SO 42
- B42 Dito mit Hubdach, Vordach und Dachgepäckträger
- C42 Wie A42, mit Hubdach
- D42 Wie A42, mit Vordach und Dachgepäckträger

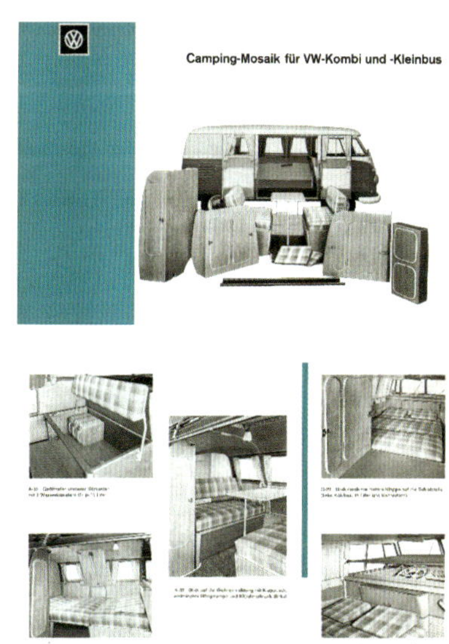
Camping-Mosaik für VW-Kombi und -Kleinbus

Großes Vorzelt (D42)

Dachluke

Die erste Camping-Box

SO 16: Die Doppelkabine von Binz

Die Geschichte von Binz zeigt, wie Volkswagen die Fertigung einer beliebt werdenden Bulli-Abwandlung selbst übernahm. Krankenwagen und Hochdach waren ursprünglich fremde Entwicklungen, die dann VW für sein serienmäßiges Angebot übernahm.

Der Umbau von Binz scheint ab Oktober 1953 erhältlich gewesen zu sein, wie ein früher Prospekt verrät. Man konnte SO 16 über den VW-Händler bestellen, aber es gab auch Privatkunden, die sich direkt an Binz wandten. Zwischen 1955 und 1958 wurden rund 16 Prozent der Pritschenwagen bei Binz auf Doppelkabine umgebaut. Insgesamt werden es etwa 600 Exemplare gewesen sein. Die meisten davon wurden in die USA exportiert, und nur ganz wenige davon haben bis heute überlebt. VW lieferte grundierte Pritschenwagen ins Karosseriewerk Binz. Die Kabinenrückwand wurde herausgetrennt und 85 cm weiter nach hinten versetzt, um die größere Kabine zu schaffen. Dach, Tür und Seitenwand wurden eingesetzt. Die Seitenwände des Laderaums wurden entsprechend verkürzt. Die Fertigung erreichte keinen hohen Qualitätsstandard. Äußerlich wurden die Seitenwände geglättet, aber innen sah man alle Schweißnähte, und die Lackierung ließ oft zu wünschen übrig: Der Motorraum wurde nicht lackiert, und der Aschenbecher blieb während der Lackierung an Ort und Stelle. Die meisten Binz-Doppelkabinen wurden taubenblau lackiert.

Die Doppelkabine von Binz weist einige Besonderheiten auf: Von der Fahrerseite ist die alte Naht der Einzelkabine deutlich sichtbar, die Seitenfenster hinten lassen sich nicht öffnen; sie sind größer als die normalen VW-Fenster. Die hintere Seitentür ist stets hinten angeschlagen, außer bei den letzten Exemplaren, die parallel zur VW-Doppelkabine entstanden und über zwei vorn angeschlagene hintere Seitentüren verfügten. Die Rücksitzbank war eine Binz-Konstruktion mit Rohrrahmen.

Im November 1958 begann VW den Bau eigener Doppelkabinen im Werk Hannover. Einige Binz entstanden noch im Dezember, aber sie wurden durch das VW-Produkt überflüssig.

Dieses spezielle Exemplar von Dan Kinsey wurde 1958 gebaut. Der Kauf war fast ein Zufall. Der 1600er-Motor verlor Öl, und das Getriebe entsprach der frühen Ausführung. Also entschied er sich wegen des geplanten Langstreckenbetriebs für den leistungsstarken Motor. Äußerlich sollte der Wagen absolut originalgetreu bleiben, während die Mechanik ihm bis zu 125 km/h erlauben sollte. Er entschied sich für einen von Steve Carr aufgebauten 1776-Kubik-Motor. Carr war Herausgeber der Zeitschrift des Vintage Volkswagen Club of America und VW-Mechaniker.

Karosserieschild

Geschweißte Seitenbracke

Rundrohr-Sitzgestell von Binz

Die Seitennaht der Einzelkabine ist noch sichtbar.

Hinten angeschlagene hintere Seitentür

Neue Trennwand von Binz

Lorch/Württ. im Oktober 1953

Beschreibung und Preisliste 10 53 für VW-Doppelkabinen-Fahrerhaus

1

Preis des grundierten VW-Pritschenwagens **DM 6050.-**

2

Anbau einer Kabine an das Fahrerhaus. Diese ist in der äußeren Form der VW-Linie angeglichen. Die Rückwand wird hierzu ca. 950 mm nach hinten versetzt. Die Kabine hat auf der rechten Seite in Fahrtrichtung eine Türe, die mit einem festeingebauten Fenster versehen ist. Die Türbreite beträgt ca. 800 mm. Die Kabinentür sowie die gegenüberliegende Seite ist innen mit Hartfaserplatte ausgeschlagen. Das linke Fenster in der Kabine ist als Schiebefenster ausgeführt. Hinter der vorderen Sitzbank befindet sich eine bis Höhe Rückenlehne durchgehend gesickte Blechwand. Die Pritsche und die Pritschenlänge sind um ca. 950 mm gekürzt. Sämtliche neuen und geänderten Teile sind grundiert: **DM 895.-**

3

Eine herausnehmbare Rohrgestell-Sitzbank kann zusätzlich auf besonderen Wunsch geliefert werden. Die Kabine kann dadurch nicht nur als Laderaum, sondern auch als Fahrgastraum Verwendung finden. Die Sitzbank ist mit Texleder im Farbton des Fahrersitzes bezogen. Sie hat eine Schlingfederkerneinlage und ist elastisch gepolstert. Die Befestigungsteile und die Bodenverstärkung werden mitgeliefert bzw. montiert: **DM 166.-**

4

Kompl. Lackierung in Kunstharz-Emaille, einfarbig (Farbe nach Wunsch) **DM 185.-**

Nach dem Umbau beträgt das Steuergewicht ca. 950 kg. Die Preise verstehen sich bei frachtfreier Anlieferung des VW-Pritschenwagens an unser Werk Lorch/Württ. Die Lieferung erfolgt frei Werk Lorch/Württ.

Lieferzeit: Nach Vereinbarung.

Zahlung: Die Bezahlung des Umbaus erfolgt in bar.
In besonderen Fällen kann eine andere Zahlungsweise vereinbart werden.

Im übrigen gelten unsere allgemeinen Lieferbedingungen vom 15. 9. 51.

Erste Broschüre von 1953

In den Motorblock wurden eine neu ausgewuchtete Kurbelwelle mit Standard-Kolbenhub und eine zahme Nockenwelle eingebaut. Die Zylinderköpfe blieben unverändert. Für maximale Kühlung wurde ein Kühlgebläse aus dem VW 181 gewählt, wie es nur 1973 verwendet wurde, weil die Anschlüsse für die Heizung daran fehlen. Dadurch gelangt die gesamte Kühlluft an die Zylinder. Luftleitbleche halten die Zylinder auch von unten kühl. Die Gemischaufbereitung besorgen zwei Kadron-Vergaser mit Gestänge von Gene Berg.

Nach gründlicher Suche im Internet fiel die Wahl auf ein Rancho-Getriebe mit 3,44-Differenzial, geschweißtem dritten und vierten Gang und Hochleistungs-Getriebedeckel. Dies wird auch für den geplanten Zweiliter-Motor aus dem Typ 4 reichen, auf den Dan Kinsey eines Tages wechseln möchte. Bei der Getriebeüberholung wurden auch die Reduktionsgetriebe überholt.

Mit dem größeren Motor wurden leistungsstärkere Bremsen rundum erforderlich. Freund Erin Lassely kam von Nebraska hinzu, und sie bauten eine überholte Vorderachse von 1966 mit Querstabilisator und größeren Bremstrommeln ein, hinten kamen die größeren, 1964 eingeführten Bremstrommeln zum Einsatz.

Nach der Mechanik kamen Karosseriearbeit und Lackierung an die Reihe. Der Vorbesitzer war gerade beim Aufbau einer Restaurierungswerkstatt namens Kustom Coach Werks. Aufgrund der Verbundenheit mit dem Fahrzeug übernahm diese nach einigem Hin und Her die Arbeit. Dazu fuhr der „Binz" über 5000 Kilometer weit nach Colorado, wurde dort gründlich restauriert und erhielt eine hervorragende Neulackierung. Beim Entlacken entdeckte man das alte M-Schild (Typ 261 mit M161 – Blinker vorn – und M191 – Unterbodenverkleidung) an der Trennwand. So entstand der einzige restaurierte Binz weltweit, das Modell darf als mit nur rund 25 Überlebenden als besondere Bulli-Rarität gelten!

Schienenbulli (Draisine)

Besonders selten ist der Umbau des Bullis auf Schienenbetrieb. Anfang der fünfziger Jahre wurden solche Fahrzeuge mit in eine Sonderkarosserie eingesetztem 22 PS-Industriemotor bei der Deutschen Bundesbahn als Motordraisine im Wartungsdienst eingesetzt. Ab 1953 hatte der Motor 28 PS (Industrieversion des 30-PS-Motors). Für den luftgekühlten Motor entschied man sich wegen seiner Zuverlässigkeit, Sparsamkeit und leichten Wartung. Man nannte diese Fahrzeuge Klv 11 (Kleinwagen mit Verbrennungsmotor).

1955 wurden dreißig sehr unterschiedliche solcher Draisinen in Auftrag gegeben. Als Klv 20 waren sie auf dem Typ 23 Kombi aufgebaut, mit großer Motorhaube und speziellem Stahl-Rahmen. Die Karosseriefirma Beilhack in Rosenheim und die Waggonfabrik Donauwörth bauten je 15 Exemplare mit den Nummern 20-5001 bis 20-5030.

Anders als bei der Straßenversion waren die Achsen fest verschweißt. Zwischen Rad und Schiene sorgte ein Gummi für bessere Griffigkeit, speziell beim Bremsen. Die hydraulische Bremsanlage entsprach der des Bulli, die Trommeln waren direkt an das Rad geschraubt. Der KLV 20 durfte nur vorwärts fahren, und zwar bis 70 km/h. Der Rückwärtsgang kam nur beim Rangieren zum Einsatz. Zum Wenden konnte eine hydraulische Handpumpe einen Hebe- und Wenderahmen auf die Schienen pressen und den Bus damit anheben. Das Umdrehen erfolgte von Hand – vorsichtig, denn das Fahrzeug konnte dabei umkippen. Die Stahlqualität dieses Wenderahmens ließ zu wünschen übrig; er war dem Gewicht kaum gewachsen.

Anfang entsprachen die Scheinwerfer denen des normalen Bulli, bald wurden stattdessen einzelne Scheinwerfer über dem Fensterrahmen montiert. Die alten wurden einfach überlackiert oder ausgebaut und die Öffnungen verschlossen. Besonders eigenartig mutet das Fehlen eines Lenkrades an.

Die Schienenbullis wurden purpurrot (RAL 3004) lackiert mit silbernen Zierstreifen am Dach und Logo am Bug, beides Silbergrau (RAL 7001). Sie galten im Dienst als Bahnamtsdraisine und dienten auf Nebenstrecken hauptsächlich der Strecken- und Bauwerkskontrolle sowie zur Beförderung von Arbeitern und Material. Sie blieben bis Anfang der siebziger Jahre in Betrieb, als die Nebenstrecken geschlossen wurden und die Schienenbullis ihren Einsatzzweck verloren. Das Bahn-Reparaturwerk Bremen hatte die Fahrzeuge zu warten und instand zu setzen. Dort wurden die meisten KLV 20 auch verschrottet. Sieben Exemplare überleben in deutschen Museen. Ein weiteres Exemplar steht vor

Schweizer „Turm-Bühne"

Bahnbus, von der BulliKartei restauriert

Rad und Handpumpe

der Restaurierung, und die BulliKartei hat ein restauriertes Exemplar in seinem rollenden Museum. Ein ebenfalls restauriertes Fahrzeug befindet sich im Eisenbahnmuseum Kassel. Man kann es für eine Ausfahrt auf der 23 km langen Eisenbahnstrecke des dortigen Hessencourrier e.V. mieten.

Die letzten Exemplare gingen nach 1980 außer Betrieb und wurden in Bremen und Nürnberg verschrottet. Die letzten Exemplare – 20-5011 und 20-5012 – gingen 1987 und 1997 außer Dienst, Letzteres in Kaiserslautern.

Ebenfalls überlebt hat KLV 20-5028 (Fahrgestellnummer 20 100 813). Nach der Außerbetriebnahme sollte der Schienenbulli in Bremen verschrottet werden. Der Unterbau ging an die Bremervörde-Osterholzer Einsenbahn, wurde dort in ein Baufahrzeug verwandelt und 1995 von BulliKartei-Mitglied Sven Thompson gerettet. Nun ist er fast komplett restauriert und kann mit funktionierendem Drehmechanismus bei besonderen Gelegenheiten wie der Techno Classica in Essen besichtigt werden.

Auch die Schweizer Eisenbahn nutzte solche Fahrzeuge und bestellte 1956 acht Stück, und zwar die Produktionsnummern DM 3681-3688. Die Karosserie stammte wieder von VW, der Umbau erfolgte bei der schweizerischen Firma Condor. Der luftgekühlte Vierzylinder-Boxermotor mit 35 PS kam von Porsche, und eine etwas heißere Version kam im 356 zum Einsatz. Die Bauteile wurden bei der Firma Ernst Asper in Zürich montiert.

Im Gegensatz zu den deutschen Fahrzeugen wählten die Schweizer den Kastenwagen Typ 21 mit der 1955 eingeführten kleineren Motorhaube. Wegen der Arbeitsplattform auf dem Dach nennt man sie auch Turmwagen. Darauf konnte man Oberleitungen inspizieren und reparieren. Ansonsten waren die Fahrzeuge sehr ähnlich, jedoch durfte der Schweizer nur 45 km/h fahren. Ihre Fahrzeuge waren korallenrot (RAL 3016) lackiert, die Scheinwerfer blieben unverändert.

Alle DM 36 gingen 1984 außer Betrieb und wurden wahrscheinlich verschrottet. Man weiß jedenfalls von keinem überlebenden Exemplar. Schienenbullis gab es auch in den USA. Vier davon verkehrten bis 1970 auf der Long Island Railroad im Wartungsdienst; sie waren gelb mit LIRR-Logos. Man weiß nur von einem einzigen überlebenden Exemplar.

SO 11 Leiterwagen

Ab den frühen fünfziger Jahren baute Karosserie Meyer in Hagen/Westfalen Pritschenwagen mit Drehleiter. Die Leiter selbst bestand aus Holz mit Stahl-Versteifungen. Sie konnte auf zehn Meter ausgefahren und in jeden beliebigen Winkel gedreht werden. Dadurch eignete sich das Fahrzeug für Arbeiten an Dächern, Bäumen und Oberleitungen. Während der Fahrt lag die Leiter flach, über das Kabinendach hinausragend. Bei hochgestellter Leiter gewährleisten metallene Stützen am Heck sicheren Stand.

Das abgebildete Fahrzeug gehört dem Präsidenten der BulliKartei, Ulrich Seibel. Es wurde am 21. August 1956 mit der Fahrgestellnummer 194 943 gebaut und am 26. August 1956 zugelassen. Abnehmer waren die Pfalzwerke AG, Überlandwerk Otterbach, die das Fahrzeug bis 14. Februar 1966 nutzten. Es ging dann für vier Monate an einen Bauunternehmer und anschließend an die Stadtwerke Grünstadt, wo es am 13. April 1970 außer Betrieb genommen wurde. Das weitere Schicksal war bis auf einen zweijährigen Museumsaufenthalt unbekannt, als Seibel es im Oktober 1992 in sehr schlechtem, aber fahrbereitem Zustand erwarb.

Nach zwei Jahren Restaurierung wurde der Leiterwagen 1995 beim Lottermann-Treffen in Bad Camberg vorgestellt. Er war dann regelmäßiger Ausstellungsgast und erhielt 1997 den Best-of-Show-Award beim British Volkswagen Festival.

SO 15 Hydraulischer Kipper

Der normale Umbau eines Pritschenwagens zum hydraulischen Kipper erfolgte bei der Promotor GmbH in Lengerich. Das Fahrzeug wurde ohne Laderaum-Wände angeliefert; die hölzernen Ladebodenbretter wurden lose mitgeliefert. Wegen des Gewichts der Kipperkonstruktion verringerte sich die Zuladung auf 860 Kilo. Promotor nutzte eigene Laderaumwände und einen zweiten VW-Ladeboden für den Umbau, dessen Abmessungen denen der normalen Pritsche entsprachen. Der Boden der Ladefläche wurde mit Profilrahmen verstärkt und die Vorderkante mit wasserbeständigem Sperrholz verkleidet. Kippscharniere wurden hinten montiert. Der Hydraulikzylinder erhielt in dem Staufach unter der Ladefläche eine Stütze, in dem auch die Hydraulikpumpe untergebracht wurde. Als Wetterschutz erhielten die Hebel zur Betätigung der Hydraulik schwenkbare Abdeckungen. Die Betätigung des zweistufigen Hydraulikzylinders erfolgte von Hand, ähnlich wie beim Hydraulik-Wagenheber mit Schwengel und Druckentlastungsventil.

Damit sich die Ladung beim Abkippen nicht verklemmt, wurde zwischen Karosserie und Stoßstange eine Blechverkleidung mit Gummiprofil eingebaut.

Promotor bot verschiedene Versionen dieses Umbaus an, eine ging von der Doppelkabine aus – ein solcher Umbau ist allerdings nur 1978 vom T2 bekannt. Man konnte auch einen Dreistufen-Hydraulikzylinder bekommen, mit dem die Ladefläche auf 45 Grad gekippt werden konnte. Sollte es der Kunde wünschen, so war die Rückrüstung auf den normalen Pritschenwagen rasch erledigt.

Das hier gezeigte Fahrzeug wurde von einem Unternehmen im italienischen Verona umgebaut, basierend auf der Einzelkabine mit Fahrgestellnummer 267 098 172 vom Februar 1967. Anstelle der Handpumpe ist eine motorgetriebene Hydraulikpumpe eingebaut. Das Fahrzeug tat in einer Gärtnerei Dienst und gehört nun Jochen Brauer. Fahrwerk, Karosserie und Hydraulik fand er beim Kauf in gutem Zustand vor; lediglich der Ladeboden bedurfte der Restaurierung.

Verkaufswagen SO 13

Dieses Exemplar ist eine einmalige Abwandlung von SO 13. Hier wurde ein geschlossener Kastenaufbau auf einem Pritschenwagen verwirklicht. Türen und Innenausstattung sind ungewöhnlich, daher wird eine Sonderanfertigung vermutet. Das von beiden Seiten zugängliche Staufach unter dem Aufbau entspricht der werksseitigen Sonderausstattung M071.

Die Prospekte zeigen zwei Ausführungen der „Pritsche mit Koffer-Aufbau": Entweder mit einer Blechtür an der Seite und Doppeltür am Heck oder mit zwei Jalousie-Öffnungen an den Seiten. Diese Ausführung war für den Transport von Gütern bestimmt, die empfindlich sind gegen Staub und Kondenswasser. Der „Koffer" war versiegelt und verkleidet, um Wasser und Staub draußen zu halten. So ergab sich ein sauberer Stauraum für Kleidung, Textilien, Möbel, elektrische Geräte wie Radio und Fernseher oder sogar für frisches Obst. Die Innenverkleidung erfolgte entweder mit Hartfaserplatten oder mit Holzlamellen an Türen und Wänden. Dank der Abstammung vom Pritschenwagen befand sich unter dem Koffer ein weiterer Stauraum, der meist nur von einer Seite her zugänglich war.

Seltener ist die hier gezeigte Ausführung mit oben angeschlagenen Klappen. Man findet sie auch bei fahrbaren Essensausgaben und bei Feldküchen. Es gab auch eine Version mit verglasten Seiten.

Bei Bekleidungs- und Blumenhändlern war diese Ausführung besonders beliebt. Der normale Kofferaufbau stammte von Westfalia, der mit Jalousien von der Firma Felix Striepke in Kiel. Die Busse gab es in Grundierung oder in den serienmäßigen Bulli-Farben. Wer den Aufbau des hier gezeigten Fahrzeugs gebaut hat, ist wegen der Unterschiede zu den bekannten Ausführungen, insbesondere des nahtlosen Übergangs zwischen Kabine und Kofferaufbau unklar. Es ist aber bekannt, dass dieses Fahrzeug über einen VW-Händler bestellt und geliefert wurde. Dessen Abnehmer war 1963 ein Kunde in Italien. Das M-Schild verrät das Herstellungsdatum 11. April 1962 mit Fahrgestellnummer 931 831. Als Zusatzausstattung ist lediglich M303 (Ausführung gemäß italienischer Zulassungsvorschrift, hat also z. B. zusätzliche Seitenblinker) aufgeführt. M071 ist nicht aufgeführt, obwohl die Staufächer unter dem Aufbau genau der Werksausführung entsprechen – niemand weiß, warum diese Angabe fehlt. Es wurde zum

Bahnhof Bologna in Italien ausgeliefert („JB"); als Lackierung ist „Grün" angegeben, obwohl sie in Wirklichkeit türkis ist.

Der Abnehmer war Händler in Tuchen und Stoffen. Die Seitentüren sind so gelagert, dass der obere Teil nach oben, der untere jedoch nach unten aufschwingt. Dadurch wurden die langen Ablagen für die Stoffrollen sichtbar. Von den Stoffrollen konnte direkt die passende Länge abgemessen und abgeschnitten werden. Das war für das Geschäft dieses Mannes die ideale Lösung, denn das Fahrzeug bot eine staub- und wasserfreie Lagerung ebenso wie einen mobilen Verkaufsstand. Die Staufächer unter dem Aufbau dienten der Unterbringung weiterer Stoffrollen, und weil beide Seiten gleich aufgebaut waren, konnte man auch von beiden Seiten aus den Stoff verkaufen.

Das Fahrzeug wurde bei Luke Theocari von Terry's Beetle Services Anfang 2001 komplett restauriert. Die Karosserie war noch gut erhalten, aber der Lack blass; er blätterte nach Jahren im Sonnenlicht ab und hatte Risse. Das Fahrzeug musste also zunächst komplett entlackt werden. Dabei wurde der hohe Qualitätsstand des Umbaus offenbar. Die Bleche waren von Hand geformt und mit Gas eingeschweißt. Die Scharniere der Aluminiumtüren waren an die Karosserie geschweißt, sodass die Türen im eingebauten Zustand wiederhergestellt werden mussten. Die Technik wurde überholt, Radzylinder etc. erneuert. Schließlich erhielt das Ganze eine Ätzgrundierung und wurde in türkisfarbenem Originalton lackiert (L380).

Leichenwagen von Frickinger

Leichenwagen wurden bei mehreren Karosseriewerken gebaut, am häufigsten jedoch bei dem Spezialisten Fritz Frickinger in Augsburg. Man konnte von Kastenwagen, Kombi und Pritschenwagen mit Einzel- und Doppelkabine ausgehen. Alle Ausführungen fassten zwei Särge.

Umbau von Kastenwagen und Kombi

Ausgegangen wurde von einem schwarz lackierten Kastenwagen mit Trennwand zum Laderaum hin. Es wurde eine Ladeplattform mit Rohrrahmen und Sperrholzauflage eingebaut, nahtlos verkleidet mit Vinyl oder Blech. Im Heck fand sich eine herausnehmbare Klappe für die Särge. Seiten und Türen waren bis zum Dach mit dekorativem Aluminium verkleidet, der Himmel mit weißem Kunstleder. Auf dem Dach befand sich eine Entlüftung mit Ventilator, im Inneren eine Lampe mit schützendem Gitter. Hinter der rechten Seitentür führte eine Rinne für Leichensäfte zu einem Sammelbehälter. Eine entsprechende Rinne befand sich vor der Heckklappe. Palmzweige und Kreuz waren in die Seitenfenster eingeätzt, und eine polierte, 25 Millimeter breite Aluleiste mit Kunststoffeinsatz verlief die Seiten entlang bis zum Heck. Unter den Türgriffen fand sich eine ähnliche, 40 Millimeter breite Leiste. Stoßstangen und Radkappen waren verchromt. Die Särge wurden im Fahrzeug an Haken verzurrt.

Der Umbau des Kombis war sehr ähnlich, jedoch wurde eine zusätzliche Trennwand zwischen Kabine und Laderaum eingezogen. Für die Seitenfenster konnte man zwischen Milchglas und geätztem Glas wählen, außerdem waren purpurne Vorhänge erhältlich.

Umbau des Pritschenwagens

Für den Umbau wurden grundierte Fahrzeuge ohne Seitentüren angeliefert. Die Ladefläche für die Särge entsprach der des Pritschenwagens. Darauf wurde ein Karosserierahmen angebracht und mit Ladefläche und Kabine punktverschweißt. Die Heckklappe maß ca. 1540 x 980 Millimeter und hatte ein großes Fenster. Auf jeder Seite fand sich ein langes Seitenfenster mit zwei eingeätzten Palmzweigen und Kreuz sowie Chromeinlagen. Ansonsten waren Äußeres und Inneres wie beim Kastenwagen ausgeführt. Der Laderaumboden bestand aus einem Stück, entweder aus Blech oder aus Kunststoff. Zwei Türen verschafften Zutritt. Den Sargbereich konnte man für Reinigungs- und Desinfektionsarbeiten komplett herausnehmen. Anbauten innen und außen entsprachen der Kastenwagenausführung; das Fahrzeug war jedoch in schwarzer Acrylfarbe mit alufarbenen Stoßstangen und Radkappen lackiert. Kunststoff-Chromblenden befanden sich an den Regenleisten; auch das VW-Zeichen am Bug war verchromt. Verchromte Stoßstangen waren gegen Aufpreis erhältlich.

Die Doppelkabine entsprach in der Ausführung der Einzelkabine, jedoch musste der Laderaum im Karosseriewerk auf die für Särge passende Länge ausgedehnt werden.

In der Werbung für Friedhofsverwaltungen und Bestattungsunternehmen hieß es seitens Frickinger, dass selbstverständlich alle zusätzlichen Sonderwünsche nach den speziellen Bedürfnissen des Kunden ausgeführt werden könnten – gerade wie es sich für den vielseitigen Bulli gehörte, den sich jeder Kunde seinen Bedürfnissen entsprechend mit Zusatzausstattungen maßschneidern konnte.

Halbketten-Bulli für Gebirgseinsatz

In den sechziger Jahren gab es besonders in Österreich mehrere Versuche, Bullis zu Halbkettenfahrzeugen umzubauen. Dort scheinen die bergige Landschaft und der lange Winter solche Fahrzeuge sinnvoll zu machen. Das abgebildete Fahrzeug ist ein solcher Prototyp, der nie in Serie ging, obwohl es Prospekte für den „Raupenfuchs" gibt, in dem der geländegängige Allwetterwagen mit einem Foto des Prototyps angepriesen wird. Man dachte an den Einsatz als Hotelzubringer für Wintergäste. Dieses Fahrzeug basiert auf einem Kombi von 1962 (Fahrgestellnummer 940 045) mit vier lenkbaren Vorderrädern und Bremsen an allen Rädern. Es wird über Planetengetriebe an der Hinterachse angetrieben und erreicht 40 km/h. Mit 1300 Kilo Gewicht trägt es sechs Passagiere im Fond sowie den Fahrer. Es landete im Porsche-Museum in Gmünd, Österreich, wurde aber 1994 von der BulliKartei gekauft. Obwohl noch fahrbereit, ist die Restaurierung dieses sehr speziellen Bullis geplant.

Anregungen: Florida-Boy-Getränkewagen

Dieser Pritschenumbau hat keine SO-Nummer und erscheint in den Prospekten unter „Anregungen". Zeichnungen zeigen den Umbau zum Getränkelieferwagen, der bei sechs Karosseriewerken erfolgte. Dieses Exemplar mit der Fahrgestellnummer 774 094 vom April 1961 wurde von Michael Steinke, Mainz, für die Bulli-Kartei gerettet. Der ursprüngliche Besitzer vertrieb Erfrischungsgetränke wie z. B. Florida Boy. Er hatte das Fahrzeug über zwanzig Jahre lang eingelagert, um es eines Tages zu restaurieren. Mechanik und Karosserie waren gesund, doch hatte der Wagen viele Beulen und matten, zerkratzten Lack. Jochen Brauer übernahm die Restaurierung, ersetzte dabei die Stoßstangen und erneuerte die Lackierung in der Originalausführung mit den Werbeschriftzügen. Passend dazu gibt es auch einen Werbeaufsteller und einen Sonnenschirm. Ungewöhnlich waren die fehlenden Bracken; die Getränkekisten mussten mit Gummizügen fixiert werden.

Anregungen: Ausstellungswagen auf Basis SO 19

Ein serienmäßiges SO-Fahrzeug wurde bei Freudenau in Bielefeld zum Ausstellungswagen mit großen Seitenfenstern umgebaut (siehe Abbildung). Es diente der Präsentation unterschiedlichster Waren von der Nähmaschine bis zu Blumen. Im Händlerkatalog sind dazu eine Reihe Anregungen enthalten mit unterschiedlicher Anordnung der großen Scheiben. Manche solcher Fahrzeuge entstanden in Italien und in der Alpenregion, mit Fenstern die nach Kundenwunsch angeordnet waren – klein, groß, schmal, oder sogar aufklappbar wie beim Verkaufswagen. Über das ungewöhnliche, hier abgebildete Fahrzeug ist nicht viel bekannt. 2001 erwarb es Gary Hart von Classic Campers über einen Kontaktmann aus Schweden. Das Fahrzeug war im August 1957 auf Fahrgestellnummer 276 622 hergestellt worden und diente ursprünglich der Präsentation von Staubsaugern. Auf dem Dach waren einmal die Ziffern „3434 aun" lackiert gewesen – ein frühes Flottenfahrzeug? Die Fahrertür war einmal in hellblau mit dem Schriftzug „BOSCH HUSHALLS linje" (Haushaltswaren) lackiert gewesen. Interessant sind die große Scheibe auf der einen und zwei bis fast zum Boden reichende Scheiben auf der anderen Seite. Möglicherweise wurde ein Türflügel ersetzt, denn bei allen anderen Ausführungen enthielten beide Türen bis zum Boden reichende Fenster. Jedoch entsprechen die Lackschichten unter dem Decklack genau dem übrigen Fahrzeug. An der hinteren Ecke befindet sich ein außenliegender Batterieladeanschluss, wie man ihn bei Feuerwehren und Militärfahrzeugen finden kann – ein nützliches Extra für einen Bulli, in dem Elektrogeräte ausgestellt und vorgeführt werden!

Dieses Exemplar ist einer von nur wenigen erhaltenen Ausstellungswagen auf T1-Basis; er soll demnächst restauriert werden.

Kemperink: Radstandsverlängerung aus Holland

Anfang der fünfziger Jahre suchte der niederländische Kekshersteller Bolletje Beschuit ein kleines, leichtes Fahrzeug mit größerem Laderaum als bei damaligen Lieferwagen üblich. Gewichtsprobleme waren bei den leichten Keksdosen nicht zu befürchten, wohl aber Platzprobleme selbst beim VW Transporter. So wurde ein niederländischer Karosseriebauer kontaktiert, um einen Bulli zu verlängern und mit höherem Dach zu versehen, doch die Versuche scheiterten. Die Firma Kemperink erhielt daraufhin den Auftrag und schuf eine höchst erfolgreiche Abwandlung des Bullis. Das erste Exemplar entstand 1954, also noch vor Einführung der großen Heckklappe. Viele andere Gewerbetreibende sahen den Kemperink-Bulli, erkannten den Nutzen und orderten solche Fahrzeuge.

1959 erhielt Kemperink für seinen Umbau den Segen des VW-Werks; man konnte es nun über den VW-Händler erwerben, mit voller VW-Garantie. Insgesamt baute Kemperink ungefähr tausend T1 um. Ausgangsfahrzeug war ein serienmäßiger Pritschenwagen ohne Laderaumwände. Diese wurden nicht gebraucht, und ihr Fehlen sparte 100 Gulden. Der Wagen wurde zersägt und um 90 Zentimeter auf 5,34 Meter gestreckt. Ebenso wie Längsträger und Bleche mussten auch Brems- und Kupplungsleitungen sowie der Gaszug verlängert werden. Da diese Teile dem Verschleiß unterliegen, wurde Ersatz gleich mitgeliefert.

Das Werksfoto zeigt einen Umbau vor Aufnahme des Spezialaufbaus.

Es gab zwei Hauptmodelle des verlängerten Kemperink: Den verlängerten Pritschenwagen und den längeren Kastenwagen mit geschlossenem Aufbau anstelle der Ladefläche, den es in zwei unterschiedlichen Höhen sowie als Verkaufswagen mit aufklappbarer Seite, Theke und Regalen gab. Der Kemperink war nicht nur im Gewerbe, sondern auch beim Militär beliebt als Personentransporter und als Feldküche. Scherzhaft nennen die Niederländer diese Fahrzeuge heute noch nach ihrem ersten Abnehmer „Bolletje Bus".

Ein weiteres niederländisches Spezialmodell war der Kleintankwagen der Firma GEHA für Heizöllieferungen an Privatkunden. Die Pumpe für den Tank wurde über Keilriemen vom VW-Motor angetrieben.

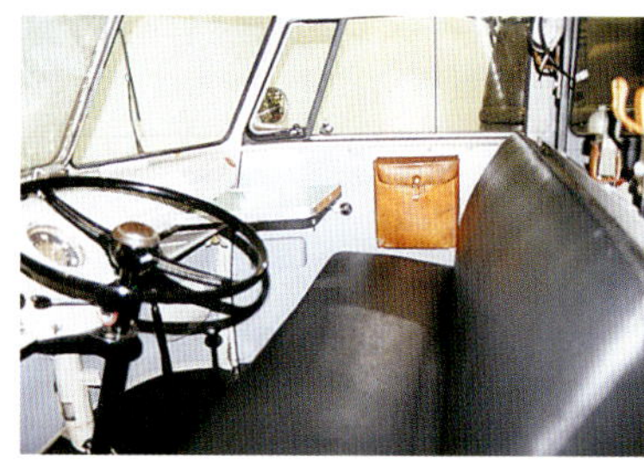

Militärausführungen

Viele Armeen in Mitteleuropa und Nordamerika bedienten sich des Bullis, besonders die Schweiz, die Niederlande und Norwegen. Es gab Krankenwagen, Feuerwehren, Feldküchen und mobile Funkstationen, aber auch Ausführungen für einfachen Personentransport. Die Holländer begeisterten sich insbesondere für die verlängerte Kemperink-Ausführung. Einige M-Ausstattungen wie Eberspächer-Standheizung, Sperrdifferenzial oder elektrische Dachventilatoren waren oft an Bord, Umbauten erfolgten häufig beim Militär selbst. Viele hatten ein Langwellen-Radio und Antennen auf dem Dach (oft mit heute noch vorhandenen Versteifungen darunter). Oft sind unten an den Seiten besondere Befestigungselemente sichtbar, z. B. für den Eisenbahntransport.

Das rechts abgebildete Fahrzeug hat einige interessante Besonderheiten. Es wurde von der Schweizer Armee genutzt und trägt deren grauen Lack. Wie so oft sind die Chromteile überlackiert. Die Seitenscheiben sind abdeckbar, die Windschutzscheibe ist heizbar – ein seltenes, herausnehmbares Extra. Vorn findet sich ein klappbarer Kartenlesetisch und an der Tür eine lederne Karten- und Dokumentenmappe. Hinter einer besonderen Klappe am Heck verbirgt sich ein Generator für die Stromversorgung der Funkeinrichtung. Abgase des Generators werden über ein Metallrohr durch diese Klappe geleitet. In einem Fach daneben befindet sich ein Weidenkorb für Brieftauben – Ersatz für den Fall, dass die Technik einmal versagt!

11 Rettungsfahrzeuge

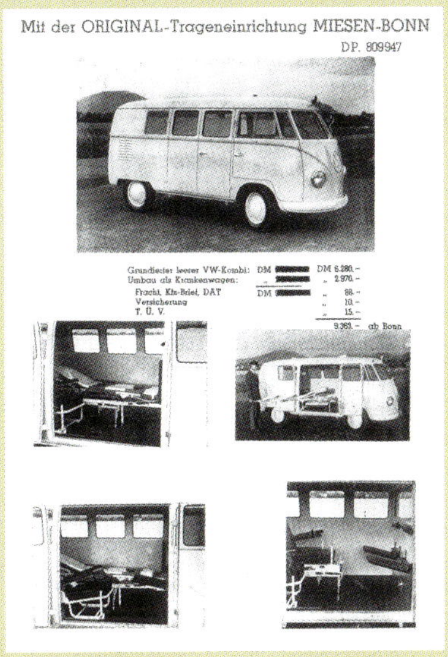

Krankenwagen

Der Bulli weckte natürlich umgehend Neugier bei Karosseriebauern und Herstellern von Spezialaufbauten. Einer davon war Miesen in Bonn, der sich auf medizinische Fahrzeuge spezialisiert hatte. Schon im Oktober 1950 hatte er den Umbau von Kombis zu Krankenwagen begonnen. Anders als die bald von VW selbst entwickelte Ausführung fehlte die Heckklappe für die Liege. Über dem Motor wurde eine kleine Regal/Schrank-Kombination installiert, die durch eine kleine Klappe von außen zugänglich war. Auf Wunsch war hierfür eine Heckklappe erhältlich. Die Ablage war aber auch von innen über Schiebetüren zugänglich, die den Bereich zum eigentlichen Laderaum hin abriegelte. Der Miesen hatte zwei kleine Lufthutzen für die Belüftung auf dem Dach und eine Stufe vor der Laderaumtür – beide Extras übernahm VW für seinen Krankenwagen. Die Liege musste durch die Laderaumtür eingeführt werden, was nicht ganz einfach war!

Der Krankenwagen wurde als Serien-Werksmodell ab Fahrgestellnummer 20 019 498 am 13. Dezember 1951 eingeführt und Typ 27 genannt. Gemeinsam mit der Deutschen Krankenwagen-Gesellschaft und dem Roten Kreuz entwickelt, bot er in Abweichung von allen anderen T1-Modellen eine Heckklappe für die Liege und eine entsprechend verkleinerte Motorhaube darunter. Bei ersten Prototypen war diese Heckklappe oben angeschlagen – ähnlich wie bei den T1 ab 1955 – aber für die Serie war sie unten angeschlagen. So konnte man die Liege vor dem Hereinschieben auf der Klappe ablegen. Bis März 1963 hing die Klappe an Ketten. Durch Wegfall der großen Motorhaube wurde der Tankstutzen verlegt und war nun über eine D-förmige Klappe hinten seitlich zugänglich. Eine klappbare Stufe unter der Laderaumtür erleichterte den Einstieg, und auf dem Dach war ein elektrischer Ventilator montiert. Schutzstreben waren innen vor den teilweise undurchsichtigen

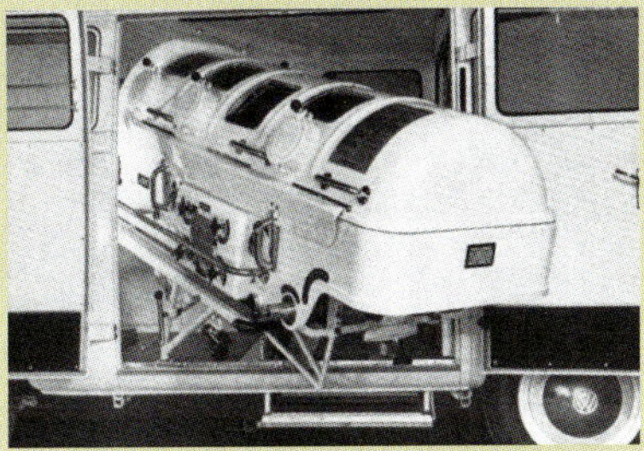

Scheiben montiert, die auch Jalousien hatten. Ab Januar 1954 war die Behr-Belüftungshutze serienmäßig. Viele andere Extras waren beim Krankenwagen lange serienmäßig, bevor sie es auch bei anderen T1-Varianten wurden, zum Beispiel die Tankanzeige ab April 1954 und die Scheibenwaschanlage ab Oktober 1959.

Im Lauf der Jahre wurde der Typ 27 für Krankendienste, Unfallaufnahmestationen, Rettungseinheiten, Feuerwehren, Krankenhäuser, Sanatorien, Altenheime, Hospize, Kommunal- und Regionalverwaltungen sowie private Krankentransportfirmen bestellt, denn der VW-Krankenwagen konnte all deren technische Anforderungen erfüllen. Manche Dienste verlangten jedoch besondere Zusatzausrüstungen, um deutschen Vorschriften zu entsprechen – diese waren als M-Ausstattungen erhältlich.

M150 war ein solches Paket (nicht erhältlich mit M114 und M175); es umfasste Abschlepphaken vorn und hinten, ein aufstellbares Fenster mit Stangen an der vorderen Laderaumtür, längere Schienen für ISO- oder US-Liegen, Haken für Infusionsflaschen, Halterungen für Erste-Hilfe-Kästen, Spaten und Axt sowie eine Steckdose für Handlampen. Andere Extras schlossen M028, M151, M152, M160, M623 ein (Einzelheiten siehe Kapitel 6). Der Krankenwagen war normalerweise elfenbeinweiß (RAL 1014) lackiert und hatte eine schwarze oder graue Innenausstattung. Die Räder waren lotusweiß, die Stoßstangen elfenbeinfarben. Gegen Aufpreis war er in Grundierung (49) erhältlich. Frühe Rot-Kreuz-Krankenwagen waren noch im für diese traditionellen Grau lackiert.

Es gab auch Hochdach-Krankenwagen, gebaut bei Clinomobil in Hannover. Dank ausreichender Stehhöhe musste das Personal nicht mehr unter Rückenschmerzen leiden, ebenso wuchs der Raum für Material, das auch leichter zugänglich wurde. Die Heckklappe hatte nun einen nach oben und einen nach unten aufklappenden Teil.

Serienmäßige Ausrüstung der Krankenwagen

- Beleuchtetes Zeichen auf dem Dach
- Suchscheinwerfer
- Rückfahrleuchte
- Klappbare Auflage für Liegen
- Ausklappbare Stufe unter der Laderaumtür mit automatischer Sicherheitseinrichtung
- Zwei Liegen, Matratzen und Kissen
- Griffe neben den Liegen
- Klingel zur Warnung des Fahrers
- Schienen und Halterungen zum Schieben und Arretieren der Liege
- Gepolsterte Transportliege
- Gepolsterter Sitz mit klappbarer Lehne
- Klappbarer Sitz
- Linoleumbelag auf Boden und Plattform
- Innenverkleidung aus abwaschbarem, weißem Kunststoff
- Schrank und Schubfach für Geräte, Instrumente etc.
- Zusätzlicher Ablagebereich
- Regal für Schienen
- Schiebefenster und Ausstellfenster vorn
- Zwei ausstellbare Fenster hinten
- Zwei teilweise undurchsichtige Scheiben hinten
- Schutzstäbe vor allen hinteren Fenstern (außer Türfenster)
- Schiebefenster und Rollo zwischen Ladebereich und Fahrerkabine
- Dimmer für Innenbeleuchtung im Laderaum, Betätigung vom Fahrerplatz aus
- Feinregulierbare Heizung für Fahrerkabine und Laderaum oder elektrischer Ventilator für die Fahrerkabine
- Kraftstoffanzeige und Reservehahn
- Steckdosen für Handlampen
- Handgriff an der Wand zur Fahrerkabine

Feuerwehren (TSF-T)

Ab 1951 war der Bulli für die Feuerwehr erhältlich, wofür schon 1952 der Code 21F verwendet wurde. Neben der Werksausführung gab es ähnliche Modelle auf Bulli-Basis von Spezialfirmen wie Magirus, Meyer-Hagen und Bachert.

Verschiedene Ausführungen für die Feuerwehr waren auf Basis des Bulli erhältlich, darunter Drehleiter, Trockenschaumfahrzeuge, Personentransporter, Schwerlast-Pumpenwagen. Basis waren auch der Pritschenwagen und die Doppelkabine. Die Bezeichnung Tragkraft-Spritzen-Fahrzeug (Trupp) oder TSF-(T) war eine Weiterentwicklung des Pumpenfahrzeugs TSA, des entsprechenden Anhängers. Das Basisfahrzeug bot Platz für drei Feuerwehrleute mit Ausrüstung von spezialisierten Herstellern einschließlich vom VW-Industriemotor angetriebener Pumpe. Es gab auch ein Leichtlöschfahrzeug LLF mit der gleichen Ausrüstung, aber ohne Pumpe. Dieses war die kleinste taktische Einheit der Feuerwehren und entsprach den Vorschriften der Bundesländer. Ebenso wie die Kommunen nutzten auch Privatunternehmen die VW-Feuerwehr für ihre Bauwerke.

Die Grundausführung der Feuerwehr war M140, lackiert in feuerwehrrot (RAL 3000 oder SK 688) mit Chrom-Radkappen, schwarzen Stoßstangen (RAL 9005), Angabe des

Serienmäßige Ausstattung Feuerwehr

- Drei Äxte
- 700-Millimeter-Brechstange
- Drei Enterhaken
- Drei 20-Meter-Seile
- Drei Schlauchanschlüsse
- Zwei Eimer
- 5 Meter Schlauch mit A10-Anschluss
- Feuerlöscher
- B-Anschluss für Stahlrohr
- C-Anschluss für Stahlrohr
- Mehrzweckschlauch
- Wiederaufladbare Handlampe
- Drei Dreifarben-Signallampen
- Drei rote Warnlampen
- Ein Paar Asbest-Handschuhe
- Tragbare Pumpe TS 8/8 mit VW-Motor
- Werkzeug-, Ersatzteil- und Zubehörsatz
- Langer Spaten 800 CS
- Fünf A-Anschlüsse für 1,6-Meter-Saugrohre
- A-Anschluss für Saugfilter
- Zwei B-Rohranschlüsse
- Zwei Hydrantenschlüssel
- Drei Schraubenschlüssel für ABC-Anschlüsse
- B-Anschluss für 5-Meter-Schlauch
- Sechs B-Anschlüsse für 20-Meter-Rohr
- Zwölf C-Anschlüsse für 15-Meter-Schlauch
- Y-Anschluss
- B/C-an-B-oder-C-Adapter
- B-an-C-Adapter
- C-an-B-Adapter
- Zwei B-Anschluss-Schlauchanschlüsse
- Zwei C-Anschluss-Schlauchanschlüsse
- Kleiner Medizinkasten
- 5-Meter-Seil
- 2-Meter-Seil (8 Millimeter Durchmesser)
- Werkzeugrolle
- Zwei rote Warnsignale
- Zwei rot-weiße Warnflaggen
- Schlauchschränke und Gurte
- Blaulicht und Sirenen (M 160)

empfohlenen Reifendrucks in weißen Lettern über dem Radausschnitt, Innenverkleidungen an den Laderaumtüren, nicht abschließbare Laderaum- und Hecktüren, Türaufhalter an den Seitentüren, um das Zuschlagen im Wind zu vermeiden, Faltsitzplatz an der Kabinenrückwand, externer Batterieladestecker DN 14 690, Kunststoff-Dokumentenhalterung mit Schmierplan. Zu M140 gehörten auch die Heizung des Laderaums (M141) und die Verbundglas-Frontscheibe (M090). Zusätzlich erhältlich waren Rundumleuchte M160 und Bosch-Martinshorn.

Feuerwehren hatten auch VW-Krankenwagen im Fuhrpark. Ein solches Fahrzeug war der so genannte Unfallwagen. Ein solches 1962 für Hamburg gebautes Fahrzeug ist unten abgebildet. Man beachte die ungewöhnlichen Blinklichter, die man nur von diesen späten Krankenwagen her kennt. Auch der Suchscheinwerfer am Spiegel und die auf der Stoßstange montierten Hörner sind bemerkenswert.

Der „Unfallwagen" war eine Weiterentwicklung des Krankenwagens für die Feuerwehr. Die britische Militärverwaltung hatte gleich nach dem Krieg die Krankentransporte den Feuerwehren auferlegt, die dazu frühere Wehrmacht-Fahrzeuge nutzten. Ab 1952 wurden Bullis eingesetzt, anfangs von Miesen umgebaut, und die „Unfallwagen" wurden von vielen Feuerwehren bestellt. Das Personal mochte dieses Fahrzeug freilich nicht besonders, weil der beengte Innenraum die Arbeit erschwerte.

Ein weiteres Sonderfahrzeug der Feuerwehr war ein Kombi, der als Katastrophenschutzwagen ausgerüstet war. Dieser traf meist als erster am Einsatzort ein, z. B. bei Katastrophen, Unfällen, Bränden oder Überschwemmungen. Neben sechs Einsatzkräften war eine Notausrüstung wie Pylone, Lampen, Spaten, Feuerlöscher und Helme an Bord, meist in sechsfacher Ausführung. Liegen und Erste-Hilfe-Ausrüstung waren ebenfalls an Bord, um als Krankenwagen einsetzbar zu sein. Die Ausstattung wurde anhand der Erfahrungen im Einsatz – z. B. bei der Überschwemmung in Hamburg 1962 – immer weiter modernisiert und verbessert. Die weitere Ausrüstung umfasste Seitenblinker, Dachgepäckträger über die volle Fahrzeuglänge, Bosch-Blink-Blaulicht, Sirene und Hochleistungs-Suchscheinwerfer, an Bug und Stoßstange montiert. Das hier abgebildete Exemplar ist eines von 83 vom Land Rheinland-Pfalz hauptsächlich für den Überschwemmungseinsatz georderten Fahrzeugen. Gebaut wurde es 1962 mit Fahrgestellnummer 1044 046. Als Michael Steinke es rettete,

hatte es gerade 25.000 Kilometer auf dem Tacho. Bis 1991 gehörte es der Feuerwehr in Bernkastel-Kues an der Mosel, dann wurde es eines der ersten Exponate des mobilen Museums der BulliKartei.

Polizeifahrzeuge

Die deutsche Polizei nutzte den vielseitigen Bulli gern, sodass für diese mehrere Sonderausführungen auf Kombi-Basis entstanden. Viele davon, z. B. der Radarwagen für Geschwindigkeitsmessungen, entstanden bei privaten Umbaufirmen, oft in der Nähe des Einsatzortes. Westfalia baute ebenfalls solche Einsatzfahrzeuge auf Basis des SO 3/4. Basismodell war ein Kombi mit Chrom-Radkappen und M623 (Vorbereitung für Kurzwellenfunk) und M160 (blaues Blinklicht und Sirene) serienmäßig. Zusatzheizung Marke Eberspächer (M119), Frischluftdüsen (M121), Schiebetür (M169) und Kabinenteiler mit Schiebefenster (M529) wurden ebenfalls oft bestellt. Die Innenverkleidungen bestanden bei Polizeifahrzeugen meist aus Sperrholz. Der serienmäßige SO 3 war ein mobiler Unfallaufnahmewagen mit zusätzlicher Ablage unter dem Sitz, Tischleuchten, Ablagekörben, ausklappbarem Tisch vor dem Beifahrersitz für Schreibarbeit und Kartenlesen und speziellem Dachgepäckträger mit unter der Laderaumtür zu befestigender Leiter. Die frühere SO 4-Version enthielt noch eine Waschgelegenheit. Bullis wurden von der Polizei auch für Verkehrskontrollen, Un- und Notfalleinsätze, Verkehrserziehung (mit Tonband, PA-System, Lautsprechern, Film- und Diaprojektoren inkl. Leinwand) sowie Radar-Geschwindigkeitsmessung eingesetzt. Westfalia konnte ein voll ausgerüstetes gerichtsmedizinisches Labor anbieten. Es gab sogar einen besonderen Gefangenentransportbus mit zwei getrennten Zellen im Laderaum. Die Radarwagen wurden oft in den Werkstätten der Polizei oder in Privatfirmen umgebaut; das Radargerät konnte fest eingebaut sein oder frei stehen. Meist befand es sich über dem Motorraum oder vorn hinter einer speziell eingefügten Scheibe. Rechts sichtbar ist eine besonders aufwändige Ausführung mit eigens in den Bug eingebauter Tür.

Das abgebildete Radarauto gehört zwei Mitgliedern der BulliKartei. In dieser Art entstanden nur sehr wenige Fahrzeuge, 25 vielleicht, und nur sehr wenige haben überlebt. Dieser Kombi von 1962 wurde als Nutzfahrzeug an die Frankfurter Polizei geliefert, wo es zum Radarwagen umgebaut wurde. Dazu wurde das Frontblech zerschnitten, um eine Tür einzubauen. Das Radargerät war auf Schienen an der Stelle eingebaut, wo normalerweise der Beifahrer sitzen würde, und wurde zum Einsatz einfach nach vorn geschoben. Das war viel bequemer als ein frei stehendes Gerät, das neben der Straße erst aufgestellt werden musste. Anhalten – Ausfahren – Blitzen – einfacher ging's nicht. Das Radargerät von Multanova war auf dem neuesten Stand und konnte nebeneinander auf der Autobahn fahrende Fahrzeuge auseinanderhalten. Im Laderaum war ein Büro eingerichtet mit einem Pult am Fenster, von dem aus das Radargerät bedient wurde. Die Armaturentafel musste gekürzt werden, um Platz zu schaffen, und die Windschutzscheibe in der neuen Tür ist etwas kleiner als ihr Pendant links. Jede Windschutzscheibe hat ihren eigenen Scheibenwischer, dessen Wischtakt vom anderen unabhängig ist, obwohl beide vom gleichen Schalter gesteuert werden.

Strom für das Radargerät kam aus drei Batterien und zwei Generatoren, die Versorgung mit 6 oder 12 Volt ermöglichten.

Nach vielen Jahren im Polizeidienst ging das Fahrzeug für gerade einmal 30 DM an eine Freiwillige Feuerwehr zum Personentransport. 1982 kam es auf den Schrottplatz, wo es gerade noch rechtzeitig von der BulliKartei entdeckt wurde, die das Fahrzeug im Lauf von sieben Jahren komplett restaurierte.

Nun ist es ein komplett ausgerüsteter Campingwagen mit drehbaren Vordersitzen. Die zusätzliche Bugtür funktioniert und die Armaturentafel enthält einen zusätzlichen Schalter „LAUNCH". Reicht die 6-Volt-Batterie zum Kaltstart nicht mehr aus, so drückt man diesen Knopf und die Kraft aller drei Batterien steht zur Verfügung. Dank dieser einfachen, zuverlässigen und haltbaren Konstruktion springt der Bulli immer an. Wenn nur alles im Leben so zuverlässig wäre wie ein Bulli.

12 Bullis bei der Arbeit

Wie erwähnt, ging der erste Bulli aus der Serienfertigung im März 1950 zur Parfüm-Manufaktur 4711. In Grundierung ausgeliefert, erhielt das Fahrzeug eine Lackierung in den Unternehmensfarben. Die Werbewirkung entsprechender unternehmensbezogener Lackierungen von Fahrzeugen im belebten Straßenbild wurde bald kleinen wie großen Firmen bewusst. VW erkannte das und stellte diese Werbemöglichkeit in seinen Prospekten deutlich heraus.

Noch heute sind solche individuell lackierten T1 gern gesehene Gäste bei Ausstellungen und Oldtimertreffen, auch wenn sie heute eher auf Restaurierungsbetriebe, Ersatzteilhändler oder Surfgeschäfte hinweisen.

Die Bildergalerie zeigt ein paar Beispiele besonderer Lackierungen aus der alten Zeit.

ALLTRANSPORT

Hirschmann Antennen
KUNDENDIENST

EDEKA
IGLO

FLOWERS
TRC 554

BS-OJ 445

DEUTSCHE BUNDESPOST

DEA

Coca-Cola

SCHOLL

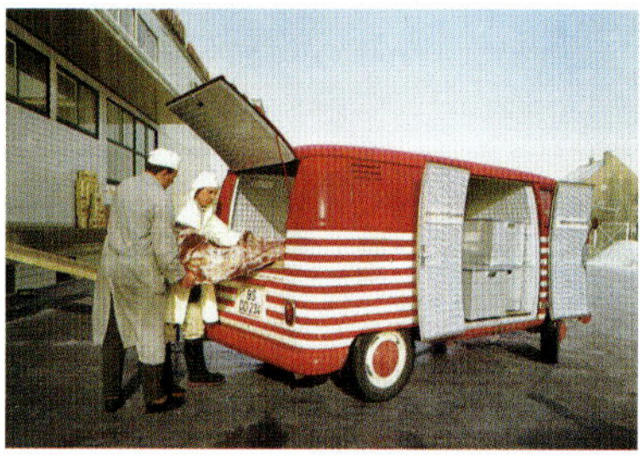

Milch
NERVENNAHRUNG

Die drei Busse oben sind bis heute im Arbeitseinsatz.

Delassus Radio – ein Bulli von 1952

Vom frühen Leben dieses Bullis ist wenig bekannt. Er wurde im September 1952 als Fahrgestellnummer 20 034 480 hergestellt. Über den Einsatz in den fünfziger Jahren weiß man noch wenig. 1961 wurde er für Delassus Radio angemeldet, wo man Radios verkaufte und reparierte. 1973 ging der Bulli außer Dienst und wurde 1991 über einen Sammler von Ulrich Seibel erworben. Der Zustand war erstaunlich gut; die Restaurierung dauerte nur sechs Monate. Bemerkenswert ist die erhabene Beschriftung im Stil der fünfziger Jahre – als bei der Restaurierung problematisch erwies sich das Fehlen einiger Buchstaben. Weitere Besonderheit ist der passende Anhänger. Nach Fertigstellung überraschte Seibel die Familie Delassus mit dem restaurierten Bulli. Sie war hocherfreut, den alten Weggefährten wiederzusehen und beschenkte Seibel mit der originalen Betriebsanleitung.

Bulli von 1955 für einen Landmaschinenhandel

Dieser rechtsgelenkte Bulli vom April 1955 wurde von Stanley Cousins, dem Inhaber der Firma Wilkerson & Co, einer Landmaschinenhandlung in Cambridgeshire, hergestellt. Beim örtlichen Händler Welwyn gekauft, wurde das Fahrzeug in Rot und Grün überlackiert. Von außen nicht sichtbare Teile blieben unbearbeitet, in Kabine, Türausschnitten, Motorraum, Ladefläche und unterem Staufach blieb es beim serienmäßigen Taubenblau. Das Unternehmen war 1873 zur Konstruktion und Fertigung von Landmaschinen entstanden, hatte sich aber zu einer Eisenschmiede und Reparaturwerkstatt für Landmaschinen weiterentwickelt. Der Pritschenwagen hatte Waren zu holen und zu liefern, z. B. Hühnerhäuser, Schweinetröge und Zäune. Das Fahrzeug wurde auch für den Sommerurlaub genutzt, wobei die Kinder auf der Ladefläche unter einem Verdeck untergebracht waren.

1961 erhielt die Familie einen neuen Campingwagen, das Geschäft wandelte sich zu einer Sämerei mit Blumenhandlung. Der Bulli wurde nicht mehr gebraucht, wanderte mit nur 19.900 Meilen in die Scheune, nur mit Kartoffelsäcken abgedeckt. Dort blieb er 35 Jahre sich selbst überlassen, bis sich die Familie zum Verkauf über einen Auktionator entschied, wo VW-Sammler Ron Brown ihn erwarb. Räder und Stoßstangen waren sehr rostig, aber Karosserien, seitliche Klappen, Fahrwerk, Radausschnitte, hintere Ecken und Innenraum waren makellos. Nach fleißigem Polieren wurden Bremsen, Auspuff und Scheibenwischer restauriert. Mit neuen Reifen und neuer Batterie gelang die Hauptuntersuchung und das Fahrzeug wurde im Februar 2001 auf dem Bugfreeze-Treffen präsentiert. Alles ist original und in hervorragendem Zustand, einschließlich der Gummis. Ron restauriert gerade Plane und Spriegel. Interessant ist, dass der Bulli, obwohl nach dem Facelift vom März 1955 gebaut, noch die großen Räder hat – wieder einmal wurden im Werk übriggebliebene Teile trotz inzwischen geänderter Spezifikation verwendet, bis alle aufgebraucht waren.

Mobiler Radiosender von 1955

Dieser Samba von 1955 wurde 1956 als mobiler Radiosender von der WZLS in Asheville, North Carolina, erworben – vermutlich der erste mobile Radiosender im ganzen Südosten der USA. Im Innenraum ist alles für ein Aufnahme- und Wiedergabestudio eingerichtet – den Plattenspieler kann man auf dem Bild erkennen.

Kirmes Deko von 1965

Dieser Bus gehört Udo Tiedmann. Er entstand 1965 als Kastenwagen. Im Mai 1999 hatte er noch seine türkis-weiße Lackierung, doch im Oktober des gleichen Jahres überraschte er bei einem Bulli-Treffen in Hannover mit neuer Lackierung in Blau, Gold und Gelb sowie mit neuer Beschriftung.

In nur sechs Monaten hatte Tiedemann den Bulli zerlegt, zahlreiche Teile einschließlich der Türen erneuert und dann die effektvolle Lackierung aufgetragen. Ornamentierung und Beschriftung erfolgten mit handgeformten Epoxyd-Teilen, die mit Blattgold überzogen wurden. Die Beschriftung ist wie manchmal in den frühen fünfziger Jahren erhaben – vgl. den Delassus-Scheunenfund weiter oben. Die Postkarten an den Seiten waren handgemalt.

Der Zirkus liegt Tiedmanns Familie im Blut; mit seiner Frau restaurierte er Zirkus-Erinnerungsstücke in einer Scheune bei Bremen. Der Bulli ist nun eine fahrbare Litfasssäule mit Werbung für sein Unternehmen.

Rudolph Schankmobil von 1965

Dieser Hochdach-Bulli von 1965 gehörte zunächst einer Molkerei in Lemsted, um Milch aus Kannen zu verkaufen. Dazu wurden die seitlichen Türen durch eine hängende Klappe und zwei halbhohe Türen ersetzt. Er wurde dann an einen Getränkehandel verkauft, der mit dem Vertrieb von Bier im Raum Braunschweig beschäftigt war. An Wochenenden und zu Bierfesten diente der Wagen als Bierverkaufsstand, daher der Name Schankmobil, der auf die Seiten aufgemalt ist. 1981 kam das Fahrzeug auf den Schrott, wurde aber 1990 von Mike Bailey gerettet, der es nach England exportierte und dort komplett restaurierte.

Bulli mit zwei Schiebetüren von 1965

Alan Schofield erkannte schon 1988 die wachsende Nachfrage nach T1-Ersatzteilen – die Lieferbarkeit wurde immer problematischer und für Originalpreise stiegen die Preise unverhältnismäßig an. Karosseriebleche anderer Hersteller waren oft von schlechter Qualität und Passform. Als „Alan Schofield – Classic Volkswagen Restoration" erwarb er sich bald einen guten Ruf für seine Teile und Dienste, sein Geschäft florierte. Auftritte bei Ausstellungen gehörten schon immer zu seinem Geschäft, und als er 1990 von einem Kastenwagen mit zwei Schiebetüren hörte, schien dies ein ideales Fahrzeug für den Transport sperriger Karosserieteile und als Werbeträger für sein Unternehmen.

Seit der Auslieferung hatte der Wagen einem Klempner in Manchester gehört, war dann an einen örtlichen VW-Liebhaber übergeben worden, und nun konnte Schofield ihn gegen seinen zerkratzten Samba mit 21 Fenstern eintauschen. Der im April 1967 unter Fahrgestellnummer 217 116 422 entstandene Kastenwagen trägt die Modellnummer 216 mit M162 (rechtsgelenkter Kastenwagen mit zwei Schiebetüren); auf dem M-Schild ist diese Konfiguration als 2166 angegeben. Vermutlich handelt es sich um den letzten rechtsgelenkten Kastenwagen, der noch existiert. Außer der Neulackierung in der alten Farbe Samtgrün und der Beschriftung gab es nicht viel zu tun.

Den Anhänger kaufte Schofield 1999; er war in den sechziger Jahren bei Bakers Garage in Liverpool entstanden, passend zu deren VW-Camper mit Moortown-Ausbau. Aus damals leicht erhältlichen Reparaturblechen wurde der Anhänger aufgebaut, einschließlich kompletter Ecken, Seitenbleche und zwei Pritschenwagendächern. Front- und Hecktür wurden in der Werkstatt hergestellt. Schofield lackierte und beschriftete ihn wie den Bulli selbst. Zusammen sind sie bei Ausstellungen ein gern gesehener Blickfang.

Schofield verkauft heute weitgehend über das Internet, aber der auffällige, grüne Kastenwagen mit dem passenden Anhänger dient bei Ausstellungen immer noch als markanter Zielpunkt. Niemand kann ermessen, wie viele Bullis auf den Straßen dieser Welt wohl mit Blechen von Schofield restauriert wurden!

Surf-Bullis

Diese beiden Bullis haben einst in den Diensten der Ocean Sports Board Riders in Brighton gestanden, einem großen Surfer-Laden nach dem Muster derer in Kalifornien, aber auch mit einer Sammlung alter Surfboards. Man hätte einen beliebigen weißen Lieferwagen anschaffen können, aber der T1 war für die VW-fanatischen Inhaber die einzige Wahl. Der Campingwagen von 1966 diente 1996-98 dem Ausliefern von Boards und anderen Besorgungen. Außerdem sah er vor dem Laden richtig „cool" aus, wenn ein Surfboard auf dem Dach befestigt war. Dieser Lieferwagen war einer der ersten mit klassischer Beschriftung, die bei Privatnutzern inzwischen sehr beliebt geworden ist.

Der Samba konnte 1998 aus Schweden beschafft werden, kaum fahrbar und mit völlig verrotteter Karosserie. Das Geschäft war gerade in Art-Deco-Farben neu gestaltet worden, und entsprechend wurde auch der Bulli lackiert und beschriftet. Der Royal Pavillon ist für ein solches Fahrzeug gerade der richtige Hintergrund. Beide Bullis waren den Worten des Inhabers zufolge „die beste Werbung, die man sich denken kann". Es begann mit dem 4711 und findet kein Ende …

Um den ersten Kastenwagen aus dem Werk Hannover handelt es sich bei diesem 1956 von der Freiwilligen Feuerwehr Eveshausen/Hunsrück in Dienst gestellten VW T1a Typ 21F Kombi-Mannschaftswagen. Der heute in Privatbesitz befindliche T1 gehörte in der Wirtschaftswunderzeit zu den typischen Einsatzfahrzeugen kleinerer Ortsfeuerwehren. (Foto:Jörg Hajt)

... noch mehr Bücher für

Kalender 2017
475 x 330 mm
ISBN 978-3-95843-290-1
EUR (D) 14,99

ISBN 978-3-86852-475-8
EUR (D) 19,99

ISBN 978-3-86852-637-0
EUR (D) 19,99

ISBN 978-3-86852-371-3
EUR (D) 19,95

Unser gesamtes Programm erhalten Sie in

Bulli-Liebhaber

Vom Start weg wurde der VW Transporter ein Welterfolgt. Dabei zeigte er sich wandlungsfähig – vom geduldigen spartanischen Lastesel mit Pritsche bis zu den Luxusausführungen „Samba", „Silberfisch" und „Caraelle Carat", die heute zu Höchstpreisen den Besitzer wechseln.

ISBN 978-3-95843-300-7
EUR (D) 29,95

VW-Bus-Spezialist und Autor Ralf Wenzlau zeigt am Beispiel eines ehemaligen Behörden-Bullys, wie sich einfache Projekte ohne allzuviele Spezialteile für jedermann – auch für Hobby-Schrauber mit nur wenig Projekterfahrung – realisieren lassen. Alle vorgestellten Arbeiten lassen sich leicht auf ähnliche Camper-Umbau-Projekte übertragen.

ISBN 978-3-95843-041-9
EUR (D) 24,99

ISBN 978-3-86852-817-6
EUR (D) 29,95

ISBN 978-3-86852-699-8
EUR (D) 35,–

ISBN 978-3-86852-601-1
EUR (D) 9,99

jeder Buchhandlung oder unter www.heel-verlag.de

Produktionsimpressionen aus dem Sommer 1959: Die T1-Produktion im Werk Hannover lief auf Hochtouren. Die im Jahr zuvor für die verschärften Sicherheitsbestimmungen in den USA eingeführten Bügelstoßstangen waren bald auch gegen Aufpreis für europäische Fahrzeuge erhältlich. (Foto: Stiftung AutoMuseum Volkswagen)